하루 15분
베이비
마사지 & 요가

하루 15분
베이비
마사지 &
요가

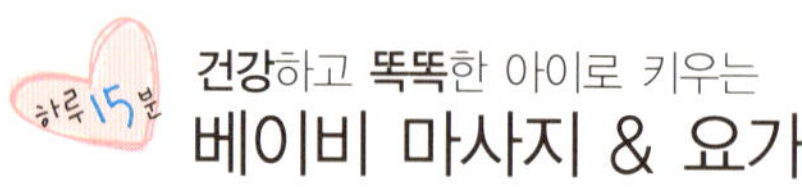

건강하고 똑똑한 아이로 키우는
베이비 마사지 & 요가

1판 1쇄 발행 2008년 1월 22일
1판 8쇄 발행 2010년 7월 5일

지은이 | 신혜숙

발행인 | 김재호
편집인 | 이재호
출판팀장 | 안영배

기획출판 편집장 | 이기숙
기획 · 편집 | 김지영
사진 | 이혜영 · 최원겸 · 양정선
일러스트 | 소리
엄마 모델 | 은주영
아기 모델 | 강서연 · 장서우 · 박민승 · 박별
　　　　　서성빈 · 곽서민 · 배서연 · 박나윤
아트디렉터 | 윤상석
마케팅 | 이정훈 · 유인석 · 정택구 · 이진주
교정 | 고연주
인쇄 | 중앙문화인쇄

펴낸곳 | 동아일보사
등록 | 1968.11.9(1-75)
주소 | 서울시 서대문구 충정로3가 139번지(120-715)
마케팅 | 02-361-1030 팩스 02-361-1041
편집 | 02-361-0967 팩스 02-361-0979
홈페이지 | http://books.donga.com

ISBN 978-89-7090-548-8 13590
값 12,000원

의 탄생을 축하합니다.

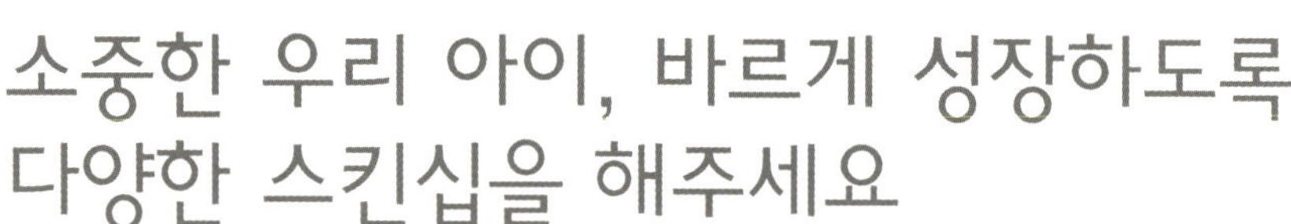

소중한 우리 아이, 바르게 성장하도록
다양한 스킨십을 해주세요

어느 누가 갓 태어난 아기의 몸짓을 보고 기적을 믿지 않을 수가 있을까요? 이 작고 사랑스러운 아기가 앞으로 얼마나 끊임없이 변화할 것인지 우리는 짐작조차 할 수 없답니다.

아기들이 건강하고 똑똑하게 성장하기 위해서 부모가 가장 먼저 해야 할 일은 무엇일까요? 그건 바로 아기에게 적절한 경험을 쌓을 수 있도록 옆에서 끊임없이 도와주는 일일 것입니다. 소중하지만 너무나 짧은 영유아기가 끝나기 전에 부모는 아기와의 다양한 감정적인 교류와 감각적인 자극을 통해 아기에게 다채로운 경험을 쌓게 하고 긍정적인 태도를 갖도록 해야 합니다.

하지만 분만 후에 엄마가 아기를 하루 종일 한가하게 바라보고 있을 수만은 없는 것이 현실입니다. 출산 후 아직 자신의 몸도 추스르지 못한 상태에서 아기 돌보랴, 집안 일하랴, 게다가 남편 뒷바라지까지 하다보면 아기를 낳은 행복감은 하루 종일 쌓인 피로와 스트레스에 눌려 제 빛을 내지 못하게 되지요.

그렇다면 엄마 아빠의 따뜻한 사랑과 관심이 절실히 필요한 영유아기에 부모와 아기 모두 행복하게 지낼 수 있는 특별한 방법은 없을까요? 유아교육 전문가이기 이전에 저 역시 두 아이를 둔 엄마이기에 오랫동안 그런 고민을 해왔습니다. 그리고 이제 그 해답을 여러분께 드리려 합니다.

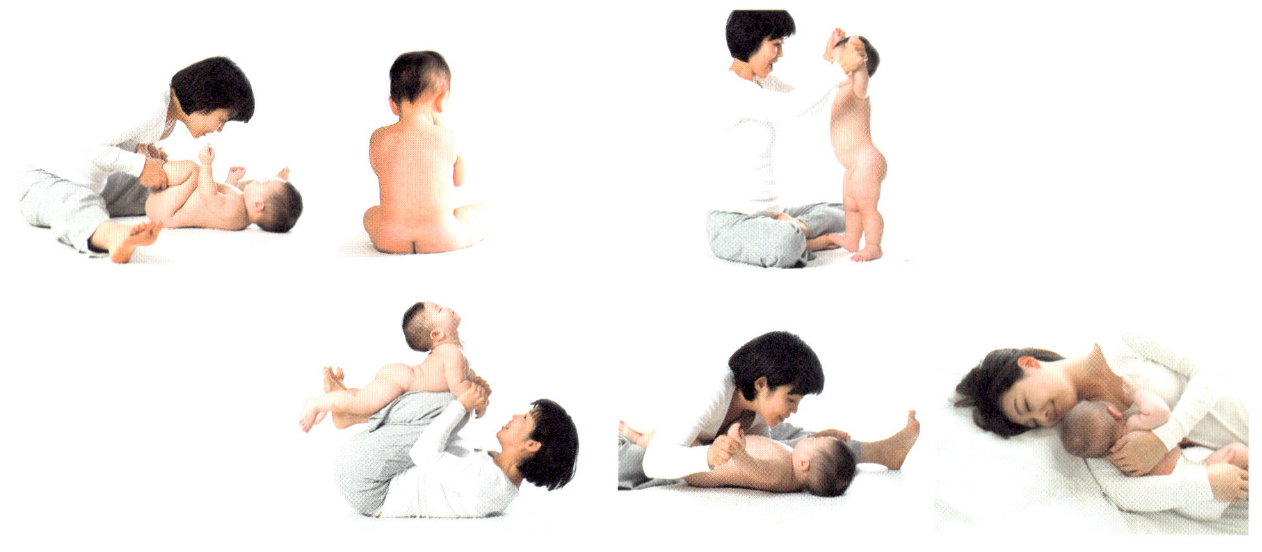

《건강하고 똑똑한 아이로 키우는 하루 15분 베이비 마사지 & 요가》는 엄마 아빠가 아기와 함께 마사지와 요가를 즐기면서 스킨십과 사랑을 나누는 행복한 과정을 구체적으로 보여줍니다. 각 과정은 따라하기 쉽도록 요리 레시피처럼 자세한 설명과 사진을 곁들여 꾸몄으며, 주의할 점과 효과적인 활용법 등 실용적이고 알찬 정보를 함께 담아 독자들의 만족도를 높였습니다. 책에서 일러주는 대로 꾸준히 반복하다보면 엄마는 아기의 감정을 읽어내기가 한결 쉬워지고 신체적 변화에 따른 아기의 요구도 좀 더 정확히 알아챌 수 있게 됩니다.

베이비 마사지와 베이비 요가를 한 권으로 배울 수 있는 것도 이 책의 장점입니다. 사실 마사지와 요가를 별도 장르로 생각하는 이들이 많은데, 이 두 가지는 함께 해야 더욱 효과적입니다. 마사지는 심신을 편안하게 풀어주고, 요가는 심신에 건강한 긴장감을 주어 상호보완 작용을 하기 때문입니다.

《건강하고 똑똑한 아이로 키우는 하루 15분 베이비 마사지 & 요가》가 이 땅의 예비 부모는 물론 육아에 지친 엄마 아빠, 사랑 표현에 서툰 엄마 아빠에게 진정 유익하게 쓰이길 바랍니다.

2008년 1월
신혜숙

추천사

아이와 함께 한 베이비 마사지 & 요가 경험은 제게 행운이었어요

엄마라면 누구나 우리 아이가 좀 더 건강하고 밝게, 그리고 쑥쑥 자라기를 바랄 것입니다. 그런 점에서 저는 행운아입니다. 둘째 아이를 낳은 후 베이비 마사지를 배워 직접 해볼 수 있는 특별한 시간을 가졌으니까요.

베이비 마사지는 아기의 성장 발육을 도와줄 뿐 아니라 감성지수를 높이고, 따뜻한 스킨십을 통해 부모의 사랑을 온전히 전해준다고 해요. 또 엄마가 산후우울증을 극복하고 스트레스를 푸는 데도 많은 도움이 된답니다. 그래서 아이는 물론 저에게도 아주 특별하고도 행복한 경험이었어요. 진작 알았더라면 첫아이에게도 해줄 수 있었을 텐데 하는 아쉬움이 생길 정도로요.

그런 뜻 깊은 시간을 가질 수 있도록 도와준 분이 바로 이 책의 저자인 신혜숙 선생입니다. 신혜숙 선생은 이 책에 베이비 마사지와 베이비 요가에 대한 해박한 전문지식과 오랜 실전 경험을 아주 쉽고 재미있게 풀어놓았습니다. 저처럼 베이비 마사지나 베이비 요가에 대한 사전 지식이 없는 초보 엄마들도 쉽게 따라할 수 있도록 말이죠.

또한 더 많은 엄마들에게 베이비 마사지의 좋은 점을 알리기 위해 제가 만든 《엄마 변정수의 쭉쭉빵빵 베이비 마사지 DVD》를 출시할 때 많은 가르침과 도움을 주었답니다.

여러분도 저처럼 아기와 함께 베이비 마사지와 베이비 요가를 매일매일 조금씩 해보세요. 재미있는 구령이나 노래에 맞춰 아기들을 마사지해주고 함께 요가를 하다보면 정말 시간 가는 줄 모를 거예요.

아이들이 가장 좋아하는 음식은 달콤한 사탕도, 아이스크림도 아니에요. 바로 부모가 몸과 마음으로 전해주는 사랑의 양식입니다. 어릴 때부터 그런 부모의 사랑을 몸과 마음으로 느끼며 자란 아이는 정서적으로 안정되고, 면역력도 향상되어 그렇지 못한 아이들보다 마음도 몸도 더 건강해진다고 해요. 그러니 베이비 마사지와 베이비 요가를 통해 아이와 사랑을 많이 나누세요. 아마도 아이가 자라면 그 시간들을 기억하지 못하겠지만 아이의 몸과 마음은 충분히 느낄 수 있을 거예요.

공부도 때가 있다고 하듯이 베이비 마사지와 베이비 요가를 하기에 가장 좋은 시기도 영유아기라고 합니다. 시간은 한번 지나가면 다시 되돌릴 수 없는 법이잖아요. 신께서 주신 그 소중한 시간, 이제부터라도 아이와 함께 베이비 마사지와 베이비 요가를 즐기세요. 아이의 표정, 숨 소리와 함께 아이의 몸과 마음이 쑥쑥 자라는 소리를 들을 수 있을 거예요.

2008년 1월

남궁성우

Contents

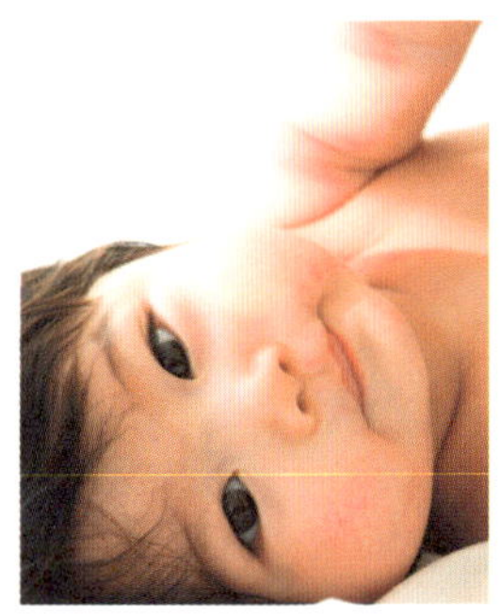

Before that … 아기와의 첫만남 

Part01 베이비 마사지

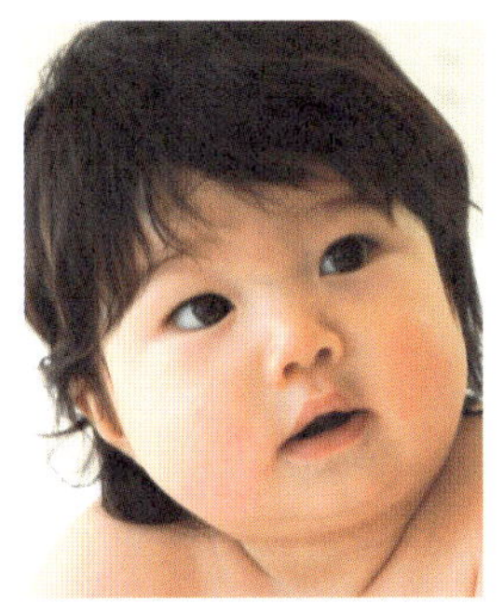

before that…

아기와의 첫만남

아기가 태어나서 만 3살이 되기까지의 영유아기는 무한한 가능성과 잠재력을 지닌 특별하고도 신비스러운 시기다.

이때 어떠한 환경을 만들어주느냐에 따라 아이가 생각의 싹을 틔우는 속도도 달라지고, 감정과 말을 표현하는 능력도

달라진다. 아기는 깨어 있을 때 잠시도 가만 있지 않는다. 계속 꼼지락거리며 무언의 감정을 표출하고 엄마 아빠의 반응

을 기다린다. 그런 아기를 위해 무엇을 해야 할지 망설이지 말고 마음껏 사랑을 표현하라. 사랑이야말로 아기가 원하고 아

기에게 줄 수 있는 가장 훌륭한 양식이자 최고의 선물이다.

 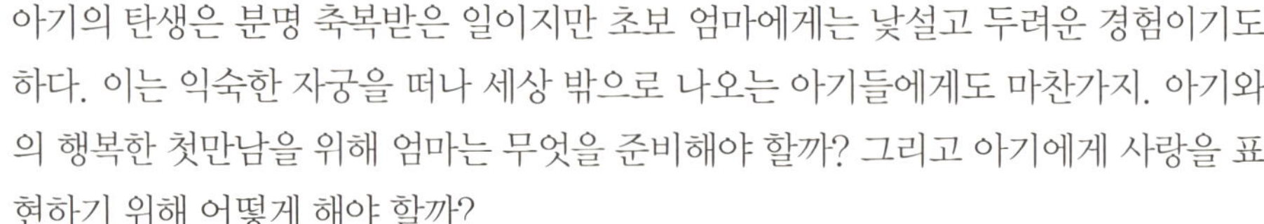

아기와의 기분 좋은 시작을 위하여

아기의 탄생은 분명 축복받은 일이지만 초보 엄마에게는 낯설고 두려운 경험이기도 하다. 이는 익숙한 자궁을 떠나 세상 밖으로 나오는 아기들에게도 마찬가지. 아기와의 행복한 첫만남을 위해 엄마는 무엇을 준비해야 할까? 그리고 아기에게 사랑을 표현하기 위해 어떻게 해야 할까?

◎ 분만실을 차분한 분위기로 만들어요

어둡고 조용한 자궁 안에서 지내다가 분만실의 환하고 시끄러운 환경에 노출되면 아기는 놀랄 뿐 아니라 약한 시력에 손상을 입을 수도 있다. 때문에 가능하다면 조명을 어둡게 하고 주변 소음을 최소한으로 줄여달라고 부탁한다. 기분을 달래주는 조용한 음악을 틀어달라고 해도 좋다.

◎ 탯줄은 폐호흡이 완성된 후에 잘라요

뱃속에서는 숨쉬지 않아도 엄마가 알아서 산소를 보내주었기에 이제 막 바깥 세상에 나온 아기에게는 폐로 숨쉬는 일이 버거울 수 있다. 공기가 폐로 들어와 아기가 폐호흡에 익숙해질 때까지는 5분 정도 걸리므로 이 동안은 탯줄을 자르지 말고 기다려달라고 부탁한다.

◎ 아기를 품에 꼭 안고 심장 소리를 들려주세요

열 달 동안 최적의 환경과 영양분을 제공해준 안락한 보금자리를 박차고 나온 아기에게는 모든 것이 낯설고 두려울 수밖에 없다. 태어나자마자 아기에게 나직하게 말을 걸어주고 가슴으로 꼭 안아주자. 바깥 세상에 나와서도 여전히 들리는 엄마의 목소리와 심장 소리는 아기의 마음을 안정시키는 효과가 있다.

◎ 애정 어린 눈길로 아기와 시선을 맞춰보세요

아기의 시력이 아직은 흐릿하다 해도 아기가 가장 보고 싶어하는 건 바로 엄마의 얼굴이다. 태어난 아기를 가슴에 안고 애정 어린 눈으로 쳐다보면 아기도 안도감 속에 엄마와 시선을 맞추려고 할 것이다.

아기에게 젖을 물리는 시기는 분만 직후가 가장 좋다. 아기를 낳자마자 품에 안고 젖을 물리면 엄마의 자궁 수축에 도움을 주는 호르몬의 분비가 촉진된다. 또 초유에 들어 있는 IgG, IgA 등의 성분이 아기의 면역력을 높여주고 성장을 도와준다. 아기는 엄마 젖을 먹으면서 따뜻함과 편안함을 느끼고 안정감을 찾는다. 엄마의 모유는 아기가 원하는 만큼 나온다. 만일 모유 수유를 할 수 없는 상황이라면 젖병을 사용하되 사랑의 경험을 느낄 수 있도록 엄마 가슴에 최대한 밀착시켜 젖을 준다.

울음은 아기가 자신의 감정을 표현할 수 있는 유일한 대화 수단이다. 아기가 울 때 달래면 버릇이 없어질까 우려하는데 그렇지 않다. 아기가 울음으로 엄마 아빠와의 대화를 시도할 때 아무 반응을 보이지 않고 외면하면 정서 발달에 좋지 않은 영향을 끼치게 된다.

우리 아기 안전하게 속싸개로 감싸는 법

자궁에서 지내는 내내 아기들은 포근함과 함께 무언가에 둘러싸여 보호받고 있다는 느낌을 받는다. 그러나 분만 시 넓고 열린 공간에 나가게 되면 이 같은 느낌을 잃게 된다. 감싸주는 것(가벼운 담요나 속싸개로 단단하게 덮어주는 것)은 안전한 느낌을 되찾아주고, 아기의 팔다리가 흔들리는 것을 막아 아기가 놀라거나 당황하지 않게 해준다. 집에서 아기를 감쌀 때는 다음과 같이 한다.

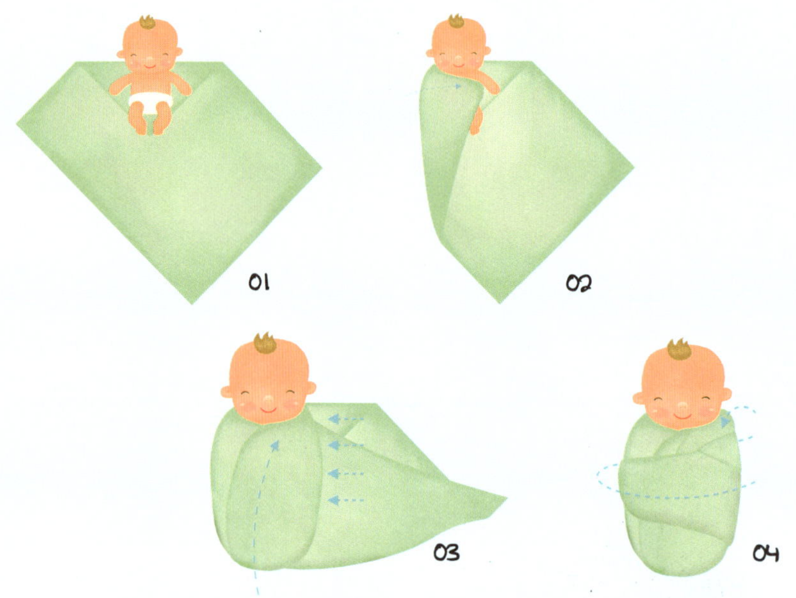

1. 속싸개의 한 쪽 모서리를 잡고 가로 · 세로 15cm 지점에서 꺾어 삼각형 모양이 되게 접은 다음, 아기 머리가 삼각형 부분에 가도록 속싸개 위에 눕힌다.

2. 펼쳐져 있는 속싸개의 한 쪽 부분으로 아기 몸을 덮는다.

3. 속싸개의 아래쪽 부분을 접어 아기 다리를 덮은 다음, 반대쪽으로 아기 몸을 감싼다.

4. 속싸개로 감싼 아기를 배가 위로 오게 눕힌다. 출생 후 몇 주가 지나면 아기는 움직임이 많아지므로 몸을 감싸주면 답답해 하며 심하게 울기도 한다.

02 아기 울음에 담긴 신호 읽기

아기에게 울음은 언어이자 자신의 의사를 표현하는 방법이다. 하지만 아기가 울면 엄마들은 어쩔 줄 몰라 당황하기 쉽다. 아직 육아에 미숙한 엄마 아빠를 위해 울음에서 '아기가 보내는 신호 읽는 법'을 알아본다.

◎ 기저귀를 갈아주세요!

아기가 보채면서 칭얼칭얼 울고 있다면 대부분은 기저귀가 젖어 불편한 경우다. 이때 얼른 새 기저귀로 갈아주면 금방 기분이 좋아져 웃으면서 놀거나 잠이 든다. 젖은 기저귀를 새 기저귀로 갈기 전에 아기 다리를 쭉쭉 펴면서 안으로 모아주었다가 그대로 들어 무릎이 배에 닿을 때까지 구부려준다. 새 기저귀로 간 후 젖이나 우유를 먹이면 아기는 엄마와의 접촉을 통해 안정감을 찾게 된다.

◎ 배가 고파요!

사전에 수유시간을 알고 있는 엄마는 아기가 언제 배고파 우는지 쉽게 알 수 있다. 이때 아기에게 얼른 젖을 먹이거나 우유를 타주면 언제 그랬느냐는 듯이 울음을 뚝 그친다. 배가 고파 불안해진 심리 상태도 모유나 우유를 먹는 동안 엄마와의 접촉을 통해 안정된다.

◎ 심심해요! 놀아주세요!!

기저귀를 방금 갈아주고 우유를 충분히 먹였는데도 아기가 칭얼거리며 운다면 엄마에게 안아달라는 뜻이다. 이때 엄마가 아기를 안고 노래를 불러주거나 말을 시키면서 대화를 시도해보자. 그러면 금세 기분이 좋아져서 엄마에게 대답이라도 하듯이 옹알옹알 소리를 낼 것이다.

그런데 이렇게 해도 칭얼거린다면 입을 아기 배꼽 근처에 대고 방귀 뀌듯 '부우~' 하는 소리를 내거나 혀를 굴려 '호로로로' 하고 호루라기 소리를 내보자. 신기하게도 울음을 뚝 그친다. 혀끝을 차면서 '똑딱똑딱' 시계 소리를 내도 좋다. 또 엄마 아빠가 우스꽝스러운 표정을 지으며 품에 안고 심장 소리를 들려주면 아기는 부모의 따뜻한 체온을 느끼며 스르르 꿈나라로 간다.

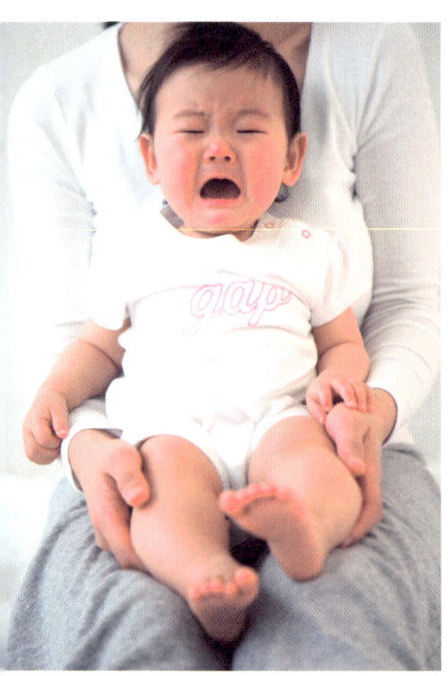

ⓒ 졸리고 피곤해요!

아기는 잠이 오면 눈이나 귀 또는 얼굴을 비비며 징징거리면서 약간 화난 듯이 운다. 졸린 데도 잠을 잘 수 없으니 엄마에게 재워달라고 신호를 보내는 것이다. 졸리면 그냥 자면 되지 왜 울까? 그것은 엄마와 떨어지고 싶지 않기 때문이다.

따라서 이때는 아기를 안거나 업고 살살 흔들어주면서 엄마가 곁에 있음을 확인시켜주는 것이 중요하다. 낮잠 잘 시간에 잠투정을 부리는 경우에는 억지로 재우려 하지 말고 밖으로 데리고 나가 햇볕을 쬐여주고, 밤에 잘 시간에 잠투정을 부리는 경우에는 잠자기 전이나 저녁에 목욕하고 나서 마사지로 몸을 따뜻하게 해주는 것만으로도 문제가 해결된다.

ⓒ 더워요! 더워요!!

주위 환경에 신경을 쓴다. 아기는 주변이 조금만 덥거나 건조해도 금세 갈증을 느끼고 운다. 이때는 우유보다 생수나 보리차를 먹이는 것이 좋다. 실내온도가 25℃ 이상이거나, 아기가 땀을 흘릴 경우에는 온도를 20~25℃로 낮추고 습도도 50~60%로 유지한다. 소음은 될 수 있으면 최소로 줄이고, 조명은 잠이 잘 들도록 조금 어둡게 한다. 한편 손으로 아기 목덜미를 만져보아 목이 차가우면 아기가 오한을 느끼고 있다는 증거다.

ⓒ 배가 아파요!

숨이 넘어갈 듯 자지러지게 우는 경우는 **영아 산통**일 가능성이 높다. 아기는 보통 저녁 식사 시간 이후에 많이 울어대는데, 한두 시간 이상 또는 밤새도록 우는 경우도 있다. 그런데 우는 이유가 영아 산통 때문이라면 달랠 수도 없고 설령 달랜다 하더라도 잠시 잠잠하다가 또 다시 울어댄다. 이렇게 무섭게 울다 제풀에 지쳐 곯아떨어지지만 건강에는 아무 이상이 없다. 이러한 증상은 생후 3~4개월쯤에 사라진다. 배에 따뜻한 물주머니 또는 더운 물을 넣은 병을 대주거나, 아기가 너무 심하게 울 때는 배를 가만히 쓸어준다.

ⓒ 울고 싶어라!

아기들은 때때로 뚜렷한 이유 없이 운다. 이때는 아기가 피곤한지, 아픈지, 배고픈지, 고통받고 있는지부터 살펴보아야 한다. 그런 다음 적절한 방법으로 달래야 한다. 달래는 데도 기술이 필요한데, 아기가 울면 우선 재빨리 다가가 관심을 보이는 것이 좋다.

아기는 자궁 안에서 들었던 소리를 반복해서 들으면 편안해 한다. 태교음악으로 들었던 노래, 드라이어와 진공청소기의 윙윙거리는 기계음, 심장박동 소리 등이 그것. 또한 아기는 엄마 아빠가 불러주는 자장가나 밝고 부드러운 엄마 아빠의 목소리도 좋아한다.

영아 산통

갓난아기가 밤에 자다말고 갑자기 우는 증상으로 소화 불량, 위장 알레르기, 변비가 있는 경우에 잘 생긴다. 또 배가 고프거나, 우유를 잘못 먹어 공기가 많이 들어간 경우에도 이런 증상을 보인다.

03 몸과 마음을 키우는 스킨십의 힘

미국의 한 대학에서는 매일 마사지를 받은 조산아의 체중 증가율이 그렇지 않은 아기보다 47% 이상 높다는 연구 결과를 발표했다. 또한 스트레스 호르몬의 분비가 줄고 정서를 안정시키는 '세로토닌' 호르몬은 더 많이 분비된다고 한다. 아이의 몸과 마음을 키우는 스킨십의 놀라운 힘을 소개한다.

◎ 긍정적인 태도를 갖게 해줘요

아기는 누구나 엄마 아빠와의 스킨십을 좋아한다. 피부와 피부가 맞닿을 때 느껴지는 부드러운 감촉과 따뜻한 체온이 '내가 지금 보호받고 있고, 사랑받고 있다.'는 믿음을 주기 때문이다. 물론 엄마가 보내는 따사로운 눈길이나 아빠의 부드러운 음성도 아기에게 안정감을 주지만 스킨십처럼 강하게 사랑의 느낌을 전해주는 수단은 없다.

스킨십은 영유아기 때만 중요한 게 아니다. 아기가 좀 더 자라 유년기, 청소년기를 거칠 때도 엄마 아빠와 스킨십을 자주 갖는 아이는 그렇지 않은 아이보다 긍정적이고 안정된 생활을 한다.

◎ 마음을 활짝 열어줘요

많은 부모가 아이의 버릇이 나빠진다는 이유로, 혹은 아이를 강하게 키울 욕심에 아이가 커갈수록 스킨십을 줄이고 대신 냉정하고 엄하게 대한다. 하지만 그렇게 한다고 해서 아이가 부모가 원하는 대로 살아주는 것은 아니다.

사람은 이성적인 동물이라고 하지만 실은 감성의 지배를 더 많이 받는 동물이다. 그래서 내 잘못이나 실수를 논리적으로 비판하고 꾸짖는 부모보다 넉넉한 가슴으로 보듬고 안아 주는 부모에게 마음을 열게 된다. 이것이 바로 스킨십의 힘이다. 스킨십은 상

호 간의 믿음과 친화력을 강화할 뿐 아니라 기분을 좋아지게 하고 정서를 안정시켜준다.

☺ 남을 사랑할 줄 아는 마음이 생겨요

아이들은 부모가 자신을 사랑한다는 것을 알면서도 끊임없이 사랑을 갈구한다. 아이가 부모의 지시에 반대되는 행동을 하거나 어른 흉내를 내며 반항하는 이유는 부모의 관심을 끌기 위해서다. "나, 지금 사랑받고 싶어요!" 하고 말하는 것이다.

아이가 과도한 행동을 하거나 뭔가 불만스러운 표현을 할 땐 큰 소리로 야단치거나 매를 대는 대신 사랑하는 마음을 듬뿍 담아 아이를 자주 안고 보듬어 줘라. 아이가 태어나서 부모의 품을 떠날 때까지 사랑의 스킨십을 아낌없이 표현하라. 어릴 때부터 사랑을 피부로 느끼며 자란 아이는 자기 자신을 사랑하는 마음뿐 아니라 남을 사랑하는 마음도 함께 자란다.

☺ 최고의 스킨십, 베이비 마사지 & 요가

아기에게 줄 수 있는 최고의 스킨십은 베이비 마사지와 요가다. 베이비 마사지와 베이비 요가의 효과는 이미 세계 곳곳에서 입증됐다. 미국 마이애미 의과대학의 피부접촉연구센터에서 일하는 티파니 필드 박사는 "매일 정기적으로 마사지를 받은 조산아의 체중 증가율이 그렇지 않은 조산아보다 평균 47% 이상 높았으며, 마사지를 받으면 스트레스 호르몬의 분비가 줄어들고 아기의 정서를 안정시키는 '세로토닌' 호르몬은 더 많이 분비된다."는 연구 결과를 발표했다. 또한 미국 듀크대학의 솔 셴버그 박사는 "신체 접촉을 통해 근육과 관절에 적절한 긴장감을 부여하는 베이비 요가와 같은 활동은 성장 관련 신경계를 자극해 호르몬 분비를 촉진하고 소화기능을 향상시키며 면역기능을 강화한다."는 연구 결과를 내놓았다.

☺ 스트레스 해소에도 그만~

출산 후 엄마는 정신적으로 불안정해 정신장애를 유발하기 쉬운데, 베이비 마사지를 꾸준히 하면 아기의 건강 증진뿐 아니라 엄마의 스트레스 해소에도 효과가 있다는 사실이 일본 도쿄전기대학 초전도응용연구소의 고타니 히로코 연구원에 의해 입증됐다. 고타니 연구원은 "마사지를 함으로써 엄마의 부교감신경이 우세하게 작용해 정신적으로 이완되면서 육아 불안이 줄어든다."며 "산후에는 엄마의 심신이 모두 불안정하므로 마사지를 통해 이 시기를 편안하게 넘기는 것이 좋다."고 밝혔다.

우리 아기 스르르~ 잠들게 하는 사랑의 스킨십

☀ **아기 볼에 엄마 뺨을 맞댄다**

아기를 품에 안고 아기의 볼에 뺨을 맞댄 채 고개를 위아래나 좌우로 부드럽게 흔든다.

☀ **미간을 부드럽게 문지른다**

아기 얼굴의 눈썹과 눈썹 사이를 검지와 중지로 살살 문질러준다. 아기가 눈을 자연스럽게 감도록 손바닥으로 눈꺼풀을 위에서 아래로 쓸어주는 것도 효과가 있다.

☀ **귀를 부드럽게 만진다**

아기의 귓불과 귓속을 손가락으로 살살 간질이듯 만져주면 신기하게도 금세 잠든다.

☀ **등을 부드럽게 쓸어내린다**

아기 등을 손바닥으로 천천히 부드럽게 쓸어내리면 아기가 안정감을 느껴 편안한 잠에 빠진다.

☀ **발을 양손으로 주물러 따뜻하게 해준다**

양손으로 아기 발을 잡고 발바닥을 지압하듯 주물러 따뜻하게 해주거나 허벅지부터 발끝까지 문질러주면 아기가 기분 좋게 잠든다.

☀ **업고 토닥토닥 두드린다**

아기를 업고 손으로 엉덩이를 토닥토닥 두드리면 아기가 잘 잔다. 이때 나지막한 목소리로 멜로디가 반복되는 자장가를 불러주면 더 효과적이다.

☀ **목욕시킨 다음 젖을 준다**

아기를 편안히 재우기 위해서는 따끈한 물에서 평소보다 조금 오래 목욕을 시켜 혈액 순환이 잘 되게 한다. 목욕을 마친 후 어두운 방에서 젖을 먹이면 이내 잠이 든다.

☀ **베이비 마사지를 한다**

아기가 하루를 마무리하는 시간에 베이비 마사지를 해주면 좋다. 베이비 마사지는 몸의 근육을 이완시키고 마음을 편안하게 해주므로 아기가 행복하게 잠들게 한다.

parT 01

베이비 마사지

아기 몸을 어루만지듯 문지르는 베이비 마사지는 부모와 아기 모두에게 긍정적 효과를 가져다 주는 최고의 스킨십이라 할 수 있다. 방법 또한 간단해서 누구나 쉽게 따라할 수 있는 것도 장점. 그러나 처음 시작하는 초보자인 경우에는 무작정 따라하기보다 순서대로 차근차근 방법부터 익히는 것이 좋다. 모든 동작이 엄마 손에 익숙해지면 사랑과 정성을 담아 베이비 마사지를 하면서 둘만의 특별한 시간을 만들어 보자.

베이비 마사지, 이런 점이 좋아요

낯선 세상으로 나온 아기에게 정서적인 안정감을 주는 동시에 부모와의 유대감을 갖게 해주는 베이비 마사지. 이 외에도 신체 곳곳의 감각을 일깨워 건강한 성장 발달을 도와주고 IQ와 EQ를 높여주는 등 다양한 효과가 있다고 한다. 베이비 마사지의 숨겨진 효과, 어떤 것이 있는지 알아보자.

◎ 성장 발육에 특히 좋아요

아기가 키도 쑥쑥, 몸도 튼튼하게 자라기를 바란다면 태어나면서부터 베이비 마사지를 시작해보자. 베이비 마사지는 아기가 태어나면서 받은 스트레스를 해소시키고 신진대사를 원활하게 해주어 성장 발육이 잘 되도록 돕는다. 특히 조산아의 경우 엄마가 꾸준히 베이비 마사지를 해주면 효과가 두드러지게 나타난다.

◎ 혈액 순환과 소화가 잘 돼요

아기는 여느 동물의 새끼처럼 태어나자마자 바로 걷거나 일어나지 못한다. 생후 몇 개월 동안은 기지도 뒤척이지도 못한 채 부동자세로 누워 있는 시간이 많은데, 이럴 때 베이비 마사지를 해주면 혈액 순환이 활발해질 뿐 아니라 소화도 잘 된다. 어릴 적 배앓이를 할 때 엄마가 "엄마 손이 약손이다." 하면서 문질러주면 거짓말처럼 나았던 추억을 누구나 갖고 있을 것이다. 이처럼 소화기관이 아직 완전치 않은 아기에게 엄마가 해주는 베이비 마사지는 만병통치약처럼 효과를 발휘한다.

◎ 깊은 잠을 자요

아기에게 바깥 세상은 낯선 곳이라 자칫 예민해지기 쉽다. 그래서 정서적으로 불안하면 잠이 깊게 들지 못하고 자꾸 보채거나 칭얼거린다. 이런 아기에게 베이비 마사지를 해주면 세로토닌 호르몬이 많이 나와 편하게 잠잘 수 있게 도와준다. 아기는 잘 자야 잘 큰다. 그러므로 엄마는 항상 아기가 숙면을 취할 수 있도록 많은 관심과 노력을 기울여야 한다.

◎ IQ와 EQ가 쑥쑥~

정자와 난자는 수정하면서 내배엽, 중배엽, 외배엽으로 세포분열을 하는데, 그중 외배엽은 나중에 피부와 두뇌가 된다고 한다. 그래서 피부는 뇌와 태생이 같다고도 하고, 밖으

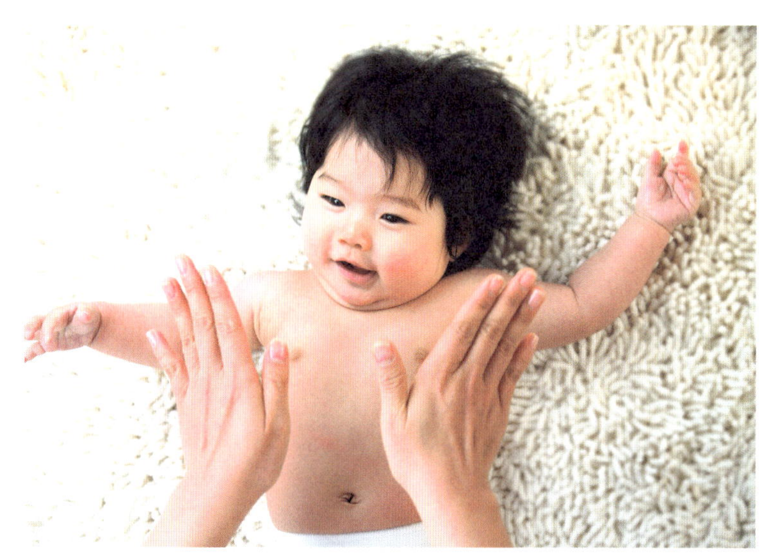

로 나와 있는 뇌라고 할 정도로 가장 발달한 감각기관 중 하나다. 엄마가 아기 피부를 만지면 아기 뇌의 신경세포는 계속 돌기를 뻗어 나가 생각 고리를 더욱 복잡하게 연결한다. 이 과정에서 시냅스를 만드는 활동이 왕성해지면 지성과 감성이 발달하게 된다. 따라서 엄마가 긍정적인 마음으로 베이비 마사지를 해주면 아기의 생각과 정서가 바르게 자라고, IQ와 EQ도 높아지는 것이다.

ⓔ 감각 발달을 도와줘요

베이비 마사지는 신체조직과 신경세포에 기분 좋은 자극을 주어 시각, 후각, 청각, 촉각 등의 감각이 발달하도록 도와준다.

시각 엄마의 다양한 표정을 아기에게 보여주자. 아기와 시선이 마주치면 엄마는 얼굴을 상하좌우로 움직이면서 아기가 엄마 얼굴을 관찰할 수 있도록 유도한다. 아기는 태어나서 처음으로 인식한 엄마 얼굴 보는 것을 무척 좋아한다.

후각 아기의 코는 그 어떤 냄새보다 엄마의 젖 냄새를 잘 맡는다. 이러한 후각 기능의 발달 정도는 아기가 엄마와 접촉하는 시간과 방법에 따라 차이가 난다. 따라서 엄마는 아기가 엄마의 고유한 냄새를 마음껏 즐길 수 있도록 향이 강한 향수나 비누 사용을 자제하는 것이 좋다.

청각 아기가 가장 좋아하는 소리는 엄마의 목소리다. 특히 노래를 부를 때처럼 높은 톤의 목소리를 좋아한다. 따라서 베이비 마사지를 할 때 엄마가 정확한 단어와 발음을 사용해 적극적으로 말을 시키고, 다양한 노랫소리를 들려주면 아기의 지능과 감성지수가 높아지고 언어능력이 향상된다.

촉각 보드라운 아기 피부는 가장 발달한 감각기관이다. 여느 감각과 달리 태어날 때부터 성숙한 상태인 촉각은 면역기능과 잠재력 발달에 많은 영향을 준다.

베이비 마사지를 하면 아기만 좋은 것이 아니라 엄마 아빠에게도 여러 모로 도움이 된다. 아기와 접촉을 많이 할수록 엄마는 모유가 더욱 풍부해지고, 산후우울증이 해소될 수 있다. 또한 아빠도 베이비 마사지를 통해 육아에 직접 참여하면 아기와의 친밀감이 높아지고 정서가 순화된다. 베이비 마사지는 마음을 안정시키는 세로토닌의 분비를 촉진해 아기와 엄마가 동시에 기분이 좋아지게 만드는 효과도 있다.

베이비 마사지의 가장 큰 의의는 부모가 아기에게 마사지를 해주는 동안 충분한 교감을 나누는 데 있다. 엄마 아빠는 사랑스러운 손길로 아기를 마사지하면서 우리 아기에게 어떤 특징이 있는지, 무엇을 좋아하고 싫어하는지를 알아가는 특별한 시간을 보내게 된다. 그러면서 아기가 몸과 마음의 긴장을 풀고 편안해 하는 느낌을 손끝으로, 눈으로 직접 느낄 수 있다.

초보 엄마를 위한 마사지 궁금증 Q&A

아직은 아기를 만지는 것조차 조심스러운 초보 엄마들. 배꼽도 떨어지지 않은 아기에게 마사지를 해도 되는지, 시간은 어느 정도가 적당한지 등등 궁금한 점이 한두 가지가 아니다. 베이비 마사지에 관해 엄마들이 가장 궁금해 하는 질문만 모았다.

Q 베이비 마사지는 언제 시작하는 것이 좋은가요?

A 아기가 태어난 날부터 바로 시작해도 괜찮지만 이때는 엄마의 몸이 아직 회복되지 않은 상태라 엄마와 아기의 컨디션이 좋아질 때까지 기다렸다 시작하는 게 좋아요. 특히 신생아의 경우 머리 마사지를 할 때 숨구멍 을 누르지 않도록 주의하고, 배꼽이 완전히 떨어질 때까지 그 부위는 만지지 않도록 해야 합니다.

Q 1주일에 몇 번 정도가 적당한가요?

A 베이비 마사지는 처음 3~4일 정도는 연속적으로 해서 아기가 익숙해지도록 하는 것이 필요해요. 그런 다음 아기가 편안해 하면 1주일에 최소 3번 정도 마사지를 해주면 성장 발달을 도와주고 저항력과 면역력이 길러져요.

Q 마사지 오일을 바를 때 주의할 점이 있나요?

A 찬 오일이 몸에 닿으면 아기가 싫어할 수 있어요. 이를 방지하기 위해 오일은 따뜻하게 덥혀서 사용하는 것이 좋아요. 마사지하기 전에 오일 병을 더운 물에 담가두면 오일이 따뜻해집니다. 이 오일을 아기에게 바르기 직전에 손으로 비벼 좀 더 덥힌 후 발라줍니다.

Q 마사지 도중 무엇을 먹일 수 있나요?

A 마사지를 시작하기 전에 마실 것을 꼭 옆에 두세요. 따뜻한 방에서 마사지를 하게 되면 분명히 목이 마를 것입니다. 혹시라도 탈수 증세가 일어나면 심신이 쉽게 지치므로 물을 옆에 두고 틈틈이 마시게 하는 게 좋습니다. 마사지를 하는 도중에 약간의 휴식도 필요합니다. 엄마는 이 시간을 이용해 아기에게 물을 먹이세요.

숨구멍

신생아에게는 숨구멍이라 불리는 '천문'이 있다. 이마 바로 위에 있는 마름모꼴의 가장 큰 숨구멍을 '대천문'이라 하고, 그 뒤쪽에 있는 것을 '소천문'이라 한다. 소천문은 생후 6~8주 후에, 대천문은 12~24개월 후에 닫히지만 아이마다 차이가 크다.

Q 엄마가 어떤 자세를 취하는 게 좋은가요?

A 되도록 편하게 움직일 수 있는 자세가 좋습니다. 엄마가 편안해야 아기도 편안합니다. 마사지를 준비하는 동안 조용한 음악을 들으세요. 마음이 편안해지면서 기분이 좋아진답니다. 그런 다음 아기의 등과 엉덩이, 어깨를 받쳐들고 이 음악에 맞춰 춤을 추듯 흔들어주면 즐겁게 시작할 수 있어요.

Q 아기가 얌전히 있지 않으면 어떻게 하나요?

A 생후 4~5개월이 지나면 아기는 스스로 몸을 움직여 이곳저곳을 탐색합니다. 이때 아기를 가만히 있게 하고 싶으면 아기 손에 장난감을 쥐어주세요. 만일 아기가 그 장난감에 흥미를 보이지 않으면 다른 것으로 바꿔주세요. 아기는 손에 뭔가를 쥐고 있는 것을 좋아한답니다.

Q 아기가 징징거리고 딴청을 피워요

A 마사지하는 동안 아기가 칭얼대고 집중하지 않으면 자리를 옮겨보세요. 아기가 충분히 자고, 충분한 양의 우유를 먹었는데도 징징거린다면 먼저 자세를 바꾸고 엄마가 직접 노래를 불러주세요. 신기하게도 아기는 엄마의 노랫소리를 들으면 한참 동안 집중할 수 있답니다.

Q 마사지 시간은 어느 정도가 적당한가요?

A 마사지 시간은 중요하지 않아요. 아기가 마사지를 즐겁게 받고 있다면 더 할 수도 있고, 아기의 컨디션이 좋지 않으면 5~10분 정도로도 충분합니다.

Q 예방주사를 맞았는데 마사지를 해도 되나요?

A 예방주사를 맞은 후라면 곧바로 마사지에 들어가지 마세요. 적어도 48시간 정도 지난 후 아기 상태를 살펴보고 하는 것이 좋아요.

Q 마사지를 끝낸 후에는 어떻게 하면 좋나요?

A 마사지 후에 목욕을 시키면 신진대사가 활발해져 좋아요. 뿐만 아니라 엄마가 아기를 품에 안고 부드럽게 흔들면서 따뜻한 물로 목욕시켜주면 마치 엄마 자궁에 있는 것 같은 느낌을 줘 아기들이 한결 편안해 한답니다.

03 마사지 준비물 & 체크리스트

베이비 마사지의 효과를 높이려면 우선 조용하고 쾌적한 장소를 골라 아기가 편안하게 마사지받을 수 있는 여건을 만들어주어야 한다. 그러려면 어떤 환경을 조성해주어야 하고, 어떤 준비물이 필요한지, 또 마사지는 어느 정도의 강도로 해야 하는지 꼼꼼하게 짚어보자.

ⓒ 여분의 기저귀와 얇고 포근한 담요를 준비하세요

마사지를 받으면 아기가 소변을 충분히 눠 기저귀가 많이 젖게 된다. 그러므로 마사지가 끝난 뒤 갈아 채워줄 여분의 기저귀가 필요하다. 또 아기를 딱딱한 바닥에 눕히면 긴장하게 되므로 담요나 타월을 깔아주어야 한다. 이때 담요나 타월은 너무 푹신거리는 것보다 얇으면서도 포근한 것이 적당하다.

ⓒ 오일 사용 전 알레르기 테스트가 필요해요

베이비 마사지를 할 때 꼭 필요한 것 중 하나가 오일이다. 오일은 엄마 손이 아기 피부에 닿을 때 마찰을 줄이고 부드러운 촉감을 살려준다. 요즘은 환경오염이 심한 탓에 피부가 건조하고 민감한 아이들이 많으니 자극이 없는 식물성 오일을 사용하는 것이 바람직하다.

아기는 손가락을 입으로 가져가면서 팔과 손에 묻어 있는 오일을 빨아먹기도 하므로 아기가 먹어도 무방한 스위트 아몬드 오일이나 포도씨 오일이 제격이다. 이 오일들은 건조한 부분을 촉촉하게 해주는 보습효과도 뛰어나 아기 피부에 잘 스며든다. 사용량은 아기의 피부상태나 체격에 따라 다른데 일반적으로 1회당 30~50㎖ 정도가 적당하다.

만일 아기에게 부작용이 생길까봐 걱정되면 마사지를 하기 전에 알레르기가 있는지 테스트한다. 방법은 아기 발에만 오일을 발라 5분

간 마사지해보고 아무런 이상이 없는지 확인한다. 보통 알레르기가 있다면 피부가 갑자기 가렵다든지, 붉은 점들이 생기는데 만일 이러한 증상이 나타나면 즉시 발에 묻은 오일을 비눗물로 씻어내도록 한다.

온도는 23~24℃ 정도가 적당해요

아기는 어른에 비해 체온 조절 능력이 떨어진다. 마사지를 하는 동안 아기는 옷을 입지 않고 맨몸으로 있어야 하므로 장소가 따뜻해야 한다. 마사지를 하는 엄마나 아빠의 손 역시 따뜻해야 함은 물론이다. 가장 적당한 온도는 23~24℃로, 어른이 느끼기에 따뜻하고 포근한 느낌이 들면 된다.

아기의 신체 리듬에 맞추세요

베이비 마사지는 아기가 깨어 있기만 하면 시간에 구애받지 않고 언제든지 해도 된다. 다만 매일 마사지를 하고자 한다면 아기의 신체 리듬이 깨지지 않도록 일정한 시간을 정해놓고 규칙적으로 반복하는 것이 바람직하다. 또 아기가 젖을 먹은 지 30분이 안 됐을 때나 막 잠이 들려고 할 때, 예방접종을 한 직후에는 마사지를 하지 않는 것이 좋다.

방은 너무 밝지 않은 것이 좋아요

마사지를 하면서 눈을 맞추면 아기가 무엇을 필요로 하는지, 어떤 느낌을 좋아하는지 알 수 있다. 아기는 밝은 빛을 좋아해 조명이나 햇빛이 강하면 엄마 눈을 쳐다보지 않고 그쪽으로 시선을 돌린다. 그러므로 방이 너무 밝지 않도록 커튼을 치거나 자연광 아래서 하는 게 서로에게 집중할 수 있는 방법이다.

마사지 강도는 머리를 감을 때 두피를 누르는 정도로~

막상 마사지를 시작하려고 하면 손에 어느 정도의 힘을 주어야 할지 난감하다. 너무 세게 누르면 아이가 아파할 테고, 너무 약하게 누르면 효과가 별로 없을 것 같기 때문이다. 가장 적절한 마사지 강도는 머리를 감을 때 두피를 누르는 정도면 된다. 특히 마사지를 시작하는 첫 주에는 눈을 감고 눈동자를 만지듯 아주 가볍게 누르는 것이 좋다. 또 오일도 충분히 덜어 피부와의 마찰을 최소화해야 한다.

마사지를 할 때는 아기의 근육을 부드럽게 누르고, 뼈가 있는 부분은 더욱 부드럽게 문지른다. 이때 터치가 너무 가벼우면 아기가 간지럼을 타고 긴장하게 되므로 처음부터 끝까지 적당한 강도를 유지해야 한다.

04

마사지 기본 손동작 익히기

이제 베이비 마사지를 하기 위한 준비를 모두 마쳤다면 기초 동작부터 하나씩 차근차근 배워보자. 베이비 마사지를 연습할 때는 아기 대신 인형이나 베개를 이용해 엄마의 손에 각 동작이 익을 때까지 반복해서 따라한다. 이때 동작의 순서에 맞춰 구령도 신나게 붙여본다. 구령은 아기의 흥을 돋우고 마사지 효과를 높이는 데 도움이 된다.

첫째, 마사지 시작은 다리부터!

다리부터 시작하면 좋다. 심장에서 가장 멀리 떨어져 있는 부위이기 때문에 처음 마사지를 받는 아기라고 하더라도 부담이 가장 적고 금방 익숙해지게 된다.

또한 다리는 아기가 자라면서 가장 많이 움직이는 부위일 뿐 아니라 성장과도 직접적인 연관이 있기 때문에 다리의 긴장을 풀어주는 것이 매우 중요하다.

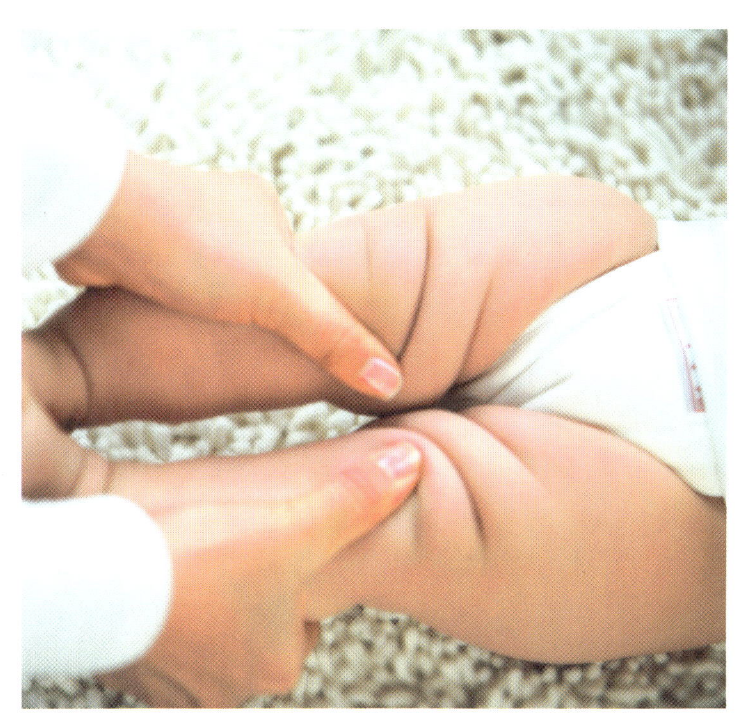

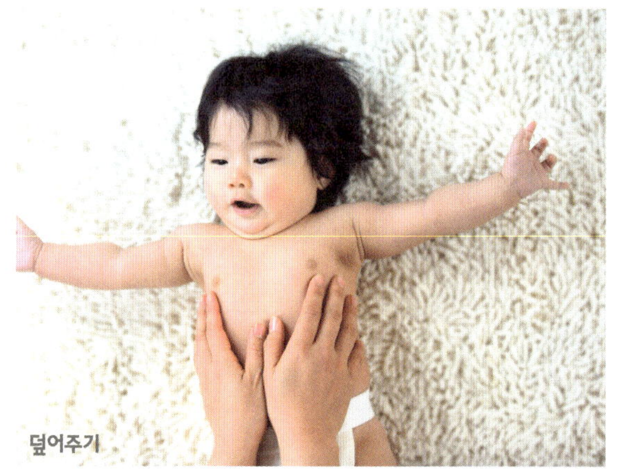

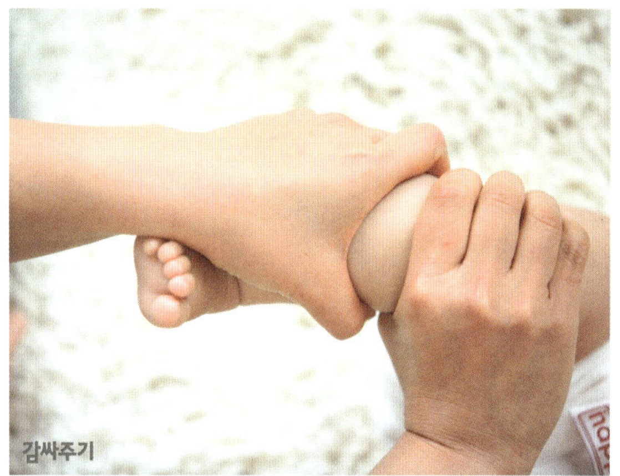

둘째, 통증 완화에 좋은 손 얹기

손 얹기는 예로부터 아프거나 통증이 있을 때 많이 쓰였던 자연치유 방법 중 하나다. 손을 얹으면 몸이 이완되면서 마음이 편안해지므로 통증을 가라앉히는 데 효과적이다. 손을 얹는 방법은 그 모양에 따라 덮어주기와 감싸주기가 있다.

덮어주기 손을 얹을 부위가 평평한 경우 손을 펴 손바닥 전체로 가만히 덮어준다.

감싸주기 손을 얹을 부위가 굴곡진 경우 손가락을 약간 구부려 손바닥 전체로 감싸준다.

셋째, 혈액 순환에 효과적인 누르기

아기 피부를 지그시 누르면 여러 조직과 신경세포가 압력을 받는다. 이 압력은 신경세포를 자극해 피부 조직을 채우는 혈액과 체액이 원활하게 순환되도록 도와준다. 이 효과를 높이려면 누르기를 할 때 다음과 같은 순서를 따라야 한다.

누르기 ⇒ 잠시 멈추기 ⇒ 압력 낮추기 ⇒ 쉬기

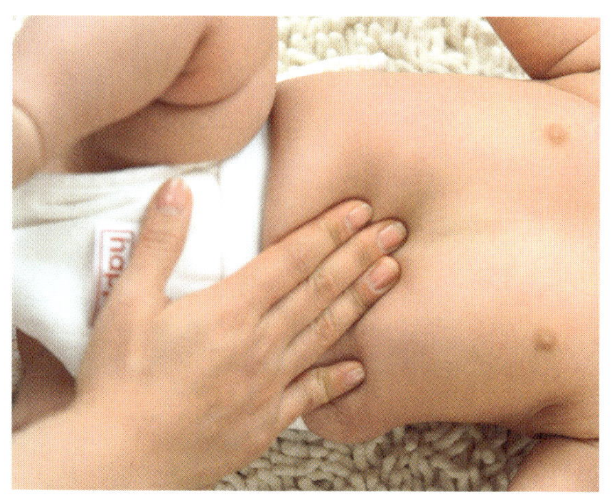

손 얹기처럼 압력을 많이 가하지 않아도 되는 동작이다. 또 가만히 손을 얹는 동작에 비해 손을 많이 움직이기 때문에 몸에 활력을 불어넣는 효과가 있다. 방법에 따라 쓸어내리기와 쓸어돌리기가 있다.

쓸어내리기 손바닥을 피부에 댄 채 가볍게 문지르면서 쓸어내린다.

쓸어돌리기 손바닥을 피부에 밀착한 상태에서 달팽이집을 그리듯 동그라미를 점점 크게 그리면서 피부를 쓸어돌려준다.

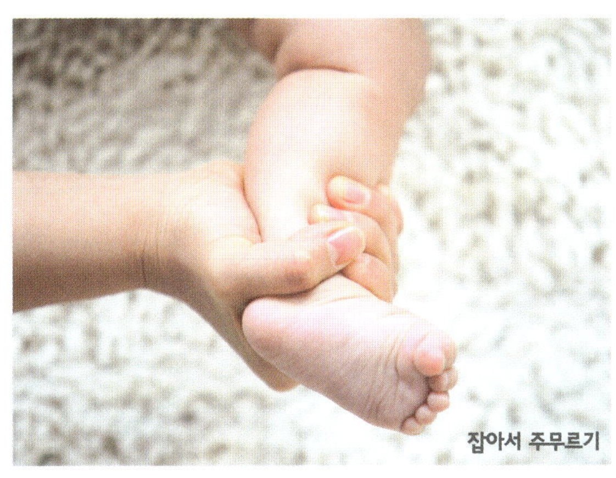

다섯째, 근육의 유연성 높여주는 주무르기

주무르기는 손바닥을 쥐었다 펴기를 반복하는 동작으로, 경직된 근육을 이완시키고 유연성을 높이는 효과가 있다.

잡아서 주무르기 마사지할 부위를 손바닥 전체로 감싼 채 손바닥을 쥐었다 펴기를 반복한다.

여섯째, 몸을 따뜻하게 풀어주는 비비기

비비기는 등이나 가슴, 배처럼 비교적 평평하고 넓은 부위에 적당한 마사지 방법이다. 이 부위의 피부를 엄마의 손바닥으로 비비며 마찰을 일으키면 열이 나면서 몸이 따뜻해지고 이완되는 효과를 볼 수 있다.

손바닥으로 비비기 손바닥을 피부에 밀착시킨 상태에서 힘을 살짝 빼고 열이 나도록 재빨리 비빈다.

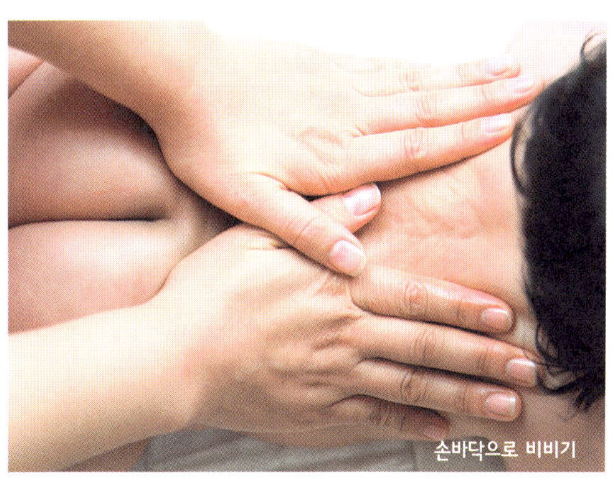

05

마사지 효과 높이는 준비동작

베이비 마사지를 할 때는 매번 같은 매뉴얼을 따르지 않아도 된다. 하지만 엄마와 아기가 좀 더 편하게, 제대로 즐기고 싶다면 베이비 마사지를 시작하기 전에 다음과 같은 기본 수칙을 따라야 한다.

☺ 내 몸에 꼭 맞는 마사지 자세 선택하기

♥ 베이비 마사지를 시작하기 전에 엄마는 먼저 목과 어깨, 손목의 긴장을 충분히 풀어준다.

　A 두 다리를 벌려 아기를 바닥에 눕힌 자세

　B 무릎을 꿇고 아기를 바닥에 눕힌 자세

　C 두 무릎을 세우고 허벅지 위에 아기를 비스듬히 눕힌 자세

♥♥ 위의 세 가지 자세 중에서 신체를 가장 자유롭게 움직일 수 있는 것을 선택한다. 가능한 한 편안한 자세를 취하되, 불편하면 도중에 자세를 고쳐도 된다.

♥♥♥ 베이비 마사지를 할 때는 손목을 많이 사용하므로 손목의 근육이 뭉치지 않도록 가끔씩 좌우로 흔들어 털어준다.

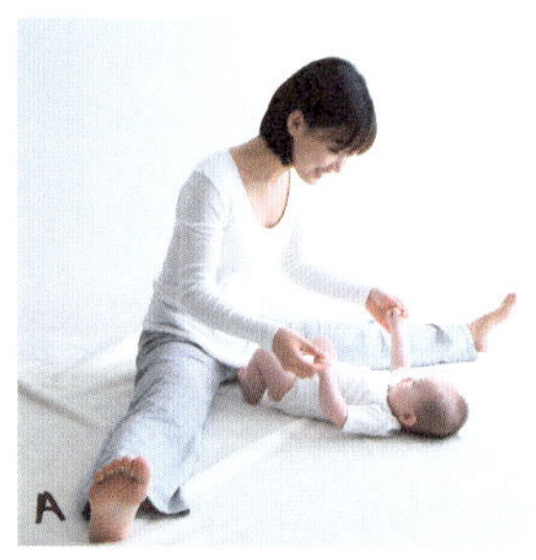

☺ 몸의 긴장감 풀어주는 호흡법

♥ 엄마는 숨을 들이쉬고 내쉬기를 반복하면서 자신의 호흡을 느껴본다.

♥♥ 호흡으로 자신의 몸이 얼마나 이완이 되었는지 스스로 체크해본다.

♥♥♥ 숨을 점점 길게 들이쉬고 내쉬면서 복부 깊은 곳으로부터 호흡이 느껴지도록 복식호흡을 반복함으로써 산소를 최대한 들이마신다. 복식호흡은 숨을 들이쉴 때 배를 힘껏 부풀리고, 또 내쉴 때는 배를 안쪽으로 들이미는 방식으로 한다.

☺ 시작할 땐 아기에게 미리 신호를!

마사지를 할 때는 아기에게 미리 신호를 보내주어야 한다. 그래야 아기도 마음의 준비를 할 수 있다. 아기가 어떻게 알아들을까 하고 의심하지 말고, 마사지를 시작할 때는 아기의 이름을 부르며 "○○야, 엄마가 마사지해줄게." 하고 말을 건넨다.

다리와 발 마사지

나무의 뿌리와 같이 우리 몸을 지탱해주는
역할을 하는 부위가 다리와 발이다.
이 마사지는 다리와 발이 신체를 잘 떠받칠 수 있도록
무릎과 발목을 튼튼하고 유연하게 만들어준다.

동작1~동작7까지 모두 끝마친 후, 아기의 다리를 바꿔 동작1~동작7을 따라한다.

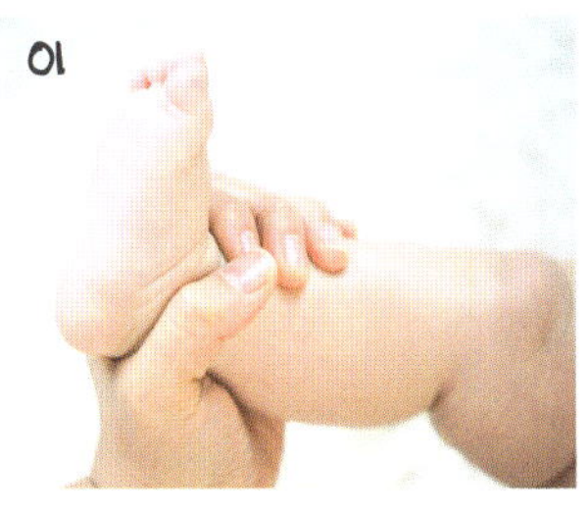

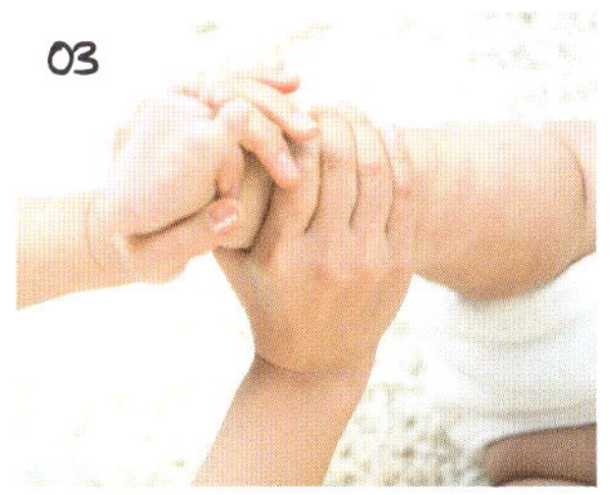

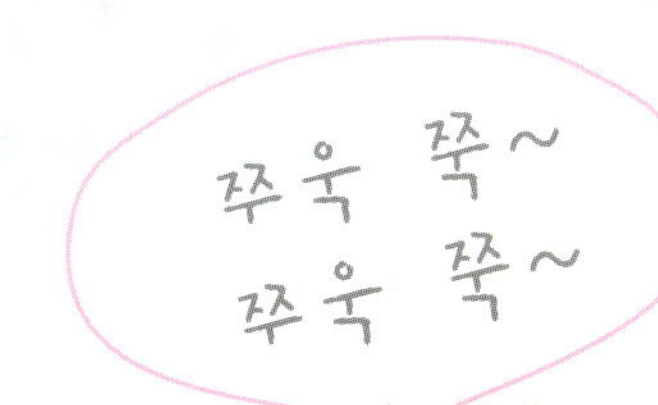

쭉쭉이 다리

**발끝까지 혈액 순환이
잘 되도록 도와줘요**

1 아기의 오른쪽 발목을 엄마의 왼손으로 잡아 들어
올린다.

2 ①의 상태에서 엄마의 오른손으로 아기의 다리가
시작되는 허벅지 부분을 잡는다. 이때 발목과 허벅
지를 소젖을 짤 때처럼 손바닥 전체로 감싸 잡는다.

3 발목을 계속 잡은 상태에서 허벅지를 잡은 손바닥
을 밑으로 쭉쭉 쓸어내린다.

4 ③을 하면서 입으로 '쭈욱 쭉, 쭈욱 쭉' 하고 구령
을 붙인다.

5 ①~④의 과정을 3~4회 반복한다.

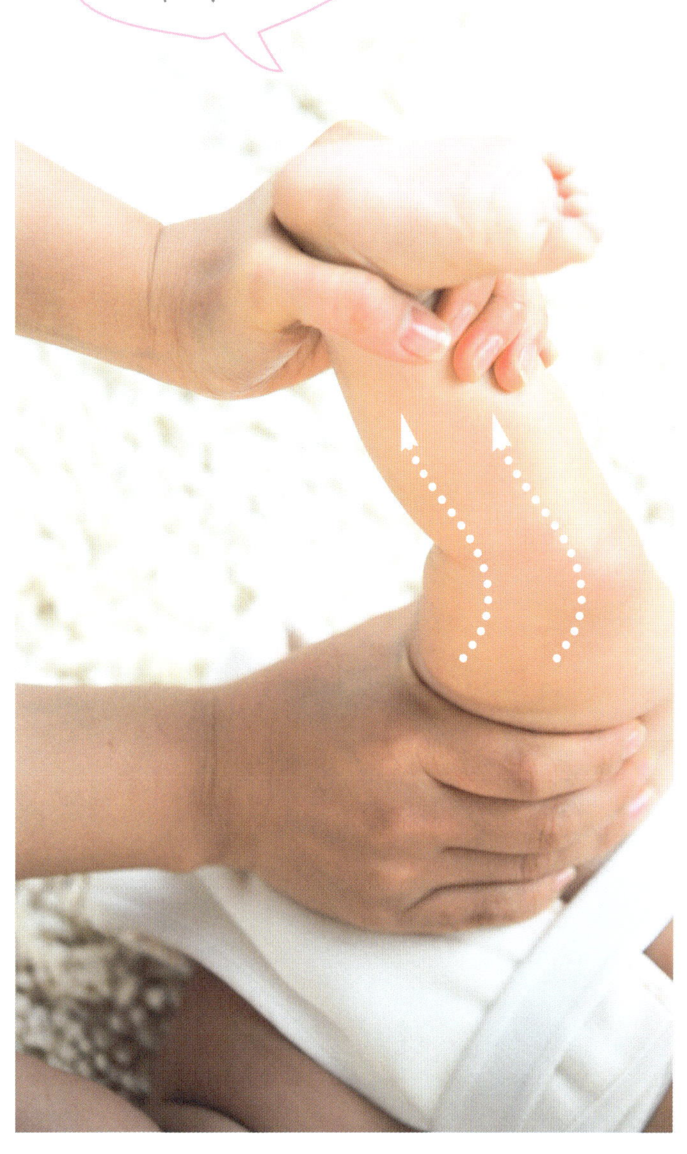

젖병 쥐어짜기

허벅지부터 발목까지 날씬하게~

1 엄마의 양 손바닥으로 젖병을 쥐듯 아기 허벅지의 가장 두꺼운 부분을 감싸 잡는다.

2 양손을 빨래를 짤 때처럼 왔다갔다 비틀면서 발목 쪽으로 조금씩 내려준다.

3 ①~②의 과정을 3~4회 반복한다.

동작 3

발바닥 걸음마

발바닥을 눌러주면 온몸이 개운해져요!

1 엄마가 양손으로 아기의 종아리와 발목을 감싸 잡는다.

2 엄마의 양 엄지 지문 부분으로 아기의 발뒤꿈치부터 발가락 방향으로 걸음마하듯 조금씩 번갈아 올라가면서 눌러준다.

3 ①~②의 과정을 3~4회 반복한다.

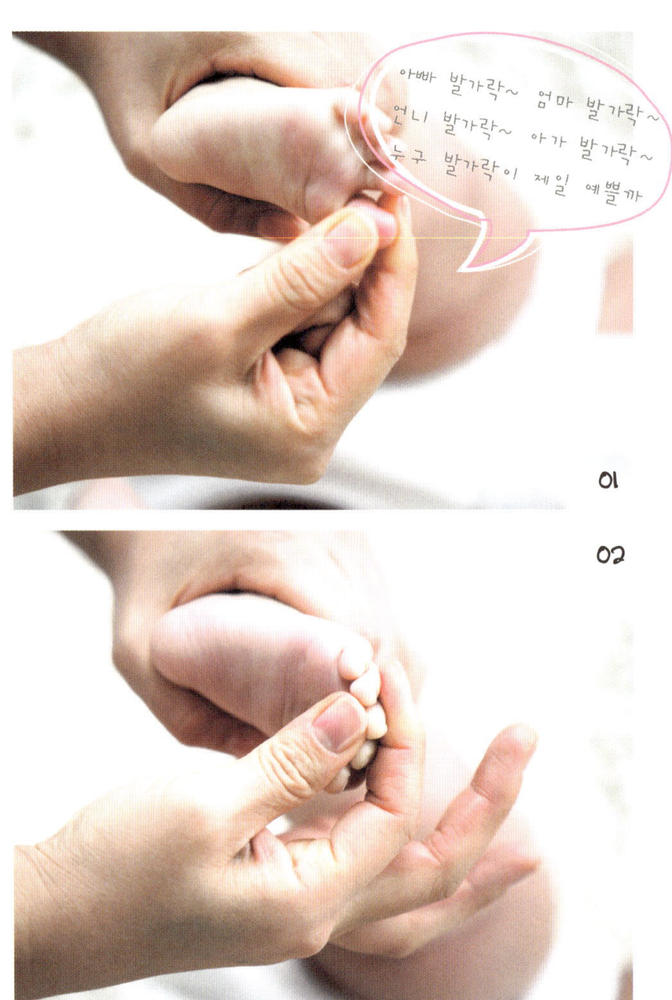

발가락 가족

머리가 똑똑해지고 오감이 살아나요!

1. 아기의 오른쪽 다리를 들고 아기의 발목을 엄마의 왼손으로 살짝 감싸 쥔다.

2.  엄마의 오른손 엄지와 검지를 이용해 아기의 엄지발가락부터 새끼발가락까지 차례로 살짝 누르며 문질러준다. 이 동작을 한 번 더 반복한다.

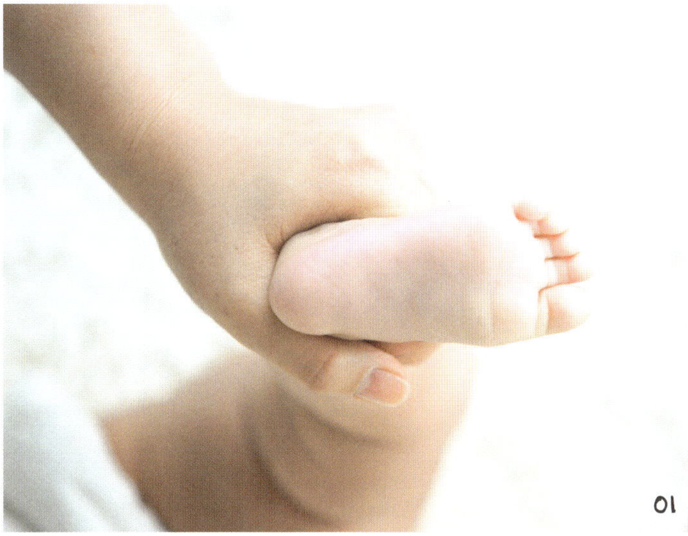

이
02

발가락 댄스

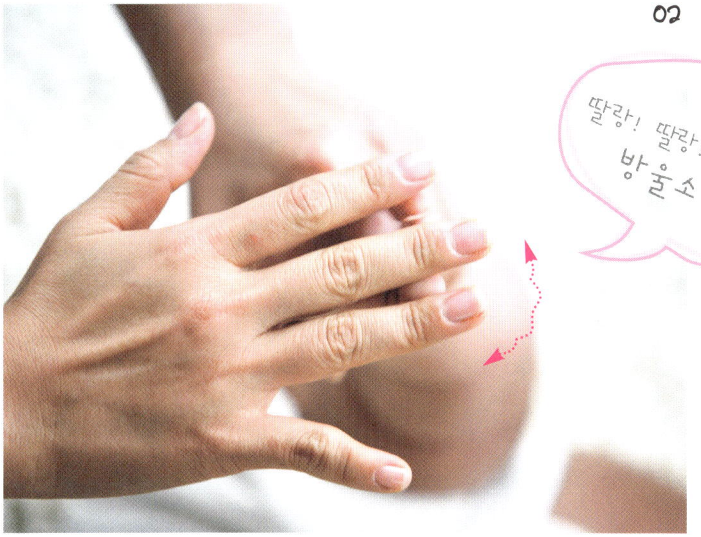

기분이 상쾌해져요!

1. 엄마의 왼손으로 아기의 오른쪽 발목을 살짝 감싸 쥐고 다리를 들어
   올린다.
2. 엄마의 오른손을 살짝 펴서 엄지를 제외한 네 손가락으로 아기의 발
   가락 끝 부분을 좌우로 흔들면서 털어준다.

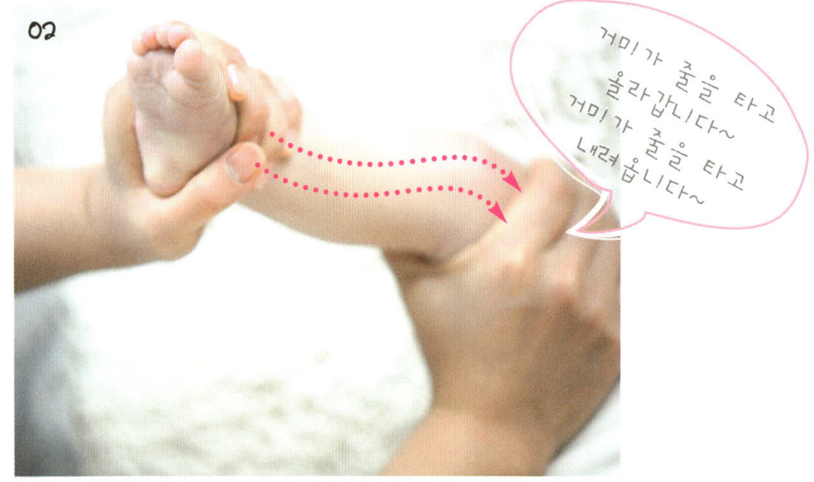

동작 6

거미줄 타기

다리가 튼튼해져요!

1 엄마의 양 손바닥으로 아기의 오른쪽 발목을 살짝 감싸 쥐고 다리를 들어올린다.

2 엄마의 왼손은 발목을 잡고 있고, 엄마의 오른손으로 아기 다리를 허벅지 방향으로 쓸어내린다.

3 ①~②의 과정을 3~4회 반복한다.

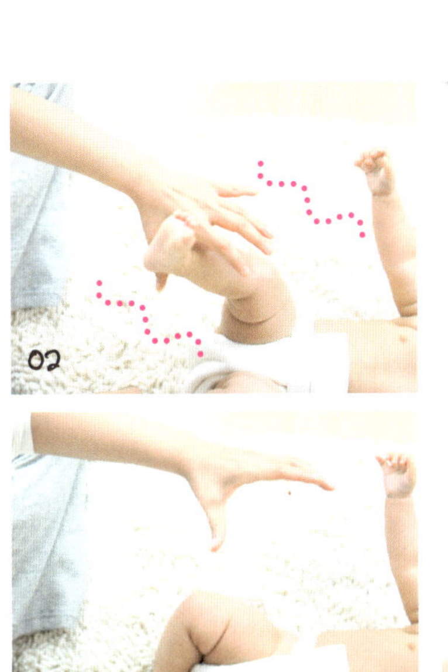

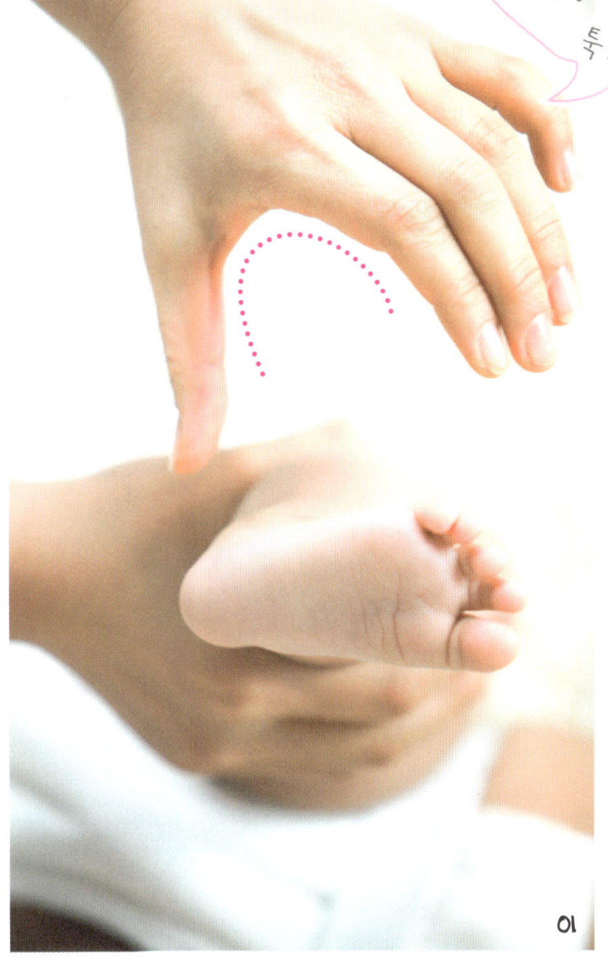

발목 털기!

동작 7

다리의 긴장이 풀려요!

1 엄마의 오른손으로 아기의 오른쪽 발목을 가볍게 잡고 들어올린다.

2 엄마의 왼손 엄지와 검지를 구부려 C자 모양을 만든 후 좌우로 살랑살랑 흔들어 아기 발목을 털어준다.

3 살랑살랑 흔들어 털어주다가 엄마 손을 갑자기 떼어 아기 다리를 바닥으로 툭 떨어뜨린다. ①~③의 과정을 반복한다.

Check Point

다리와 발 마사지를 할 때 엄마 손으로 아기 발가락을 쥐지 않게 주의한다.
아기는 발가락을 움직이지 못하면 갑갑해 하기 때문.

배와 가슴 마사지

태아 때부터 탯줄로 이어져 모든 것을
엄마와 함께 했던 배와 가슴은 생명력의 원천이자
모든 에너지의 중심이 되는 부위다.
이 마사지는 소화기관과 호흡기관을
튼튼하게 만들어준다.

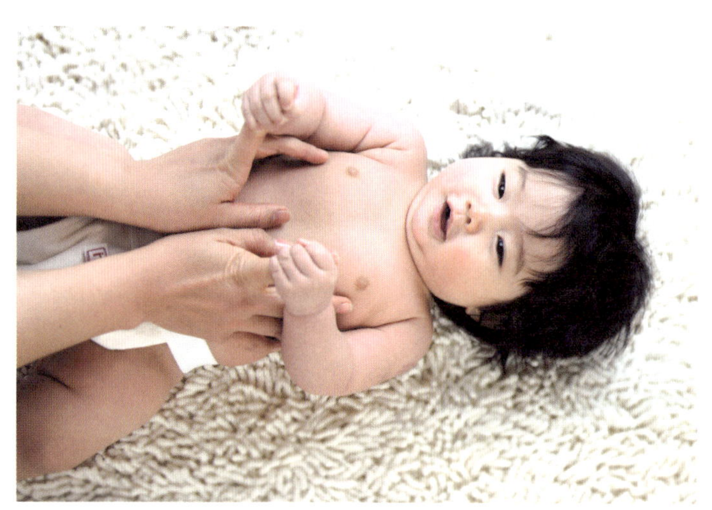

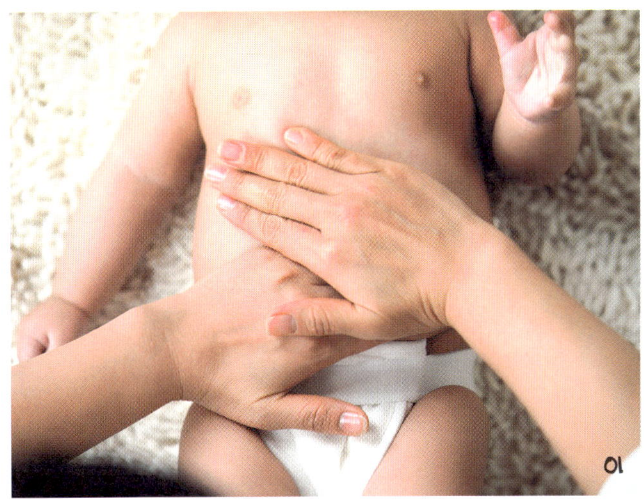

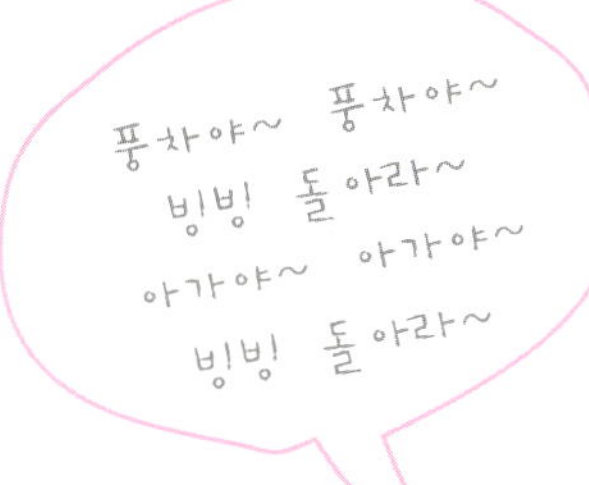

동작 14

풍차 돌리기!

배가 따뜻해져요!

1 엄마의 두 손을 펴서 아기의 배꼽 위에 살짝 올려놓는다.

2 엄마의 두 손을 번갈아가면서 아기의 배부터 아래로 쓸어내린다.

3 ②를 5~6회 반복한다.

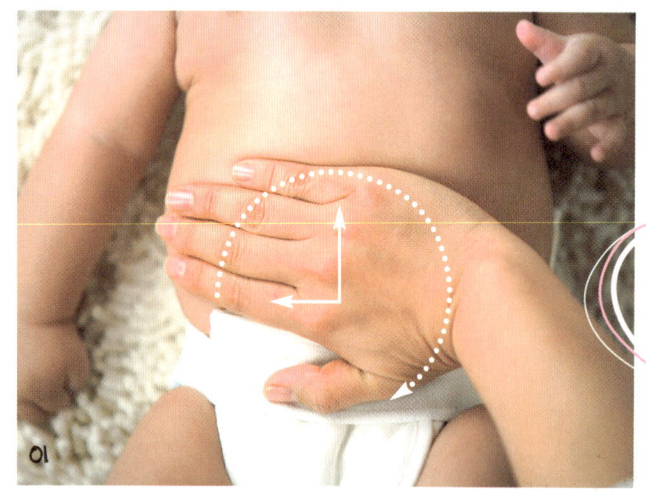
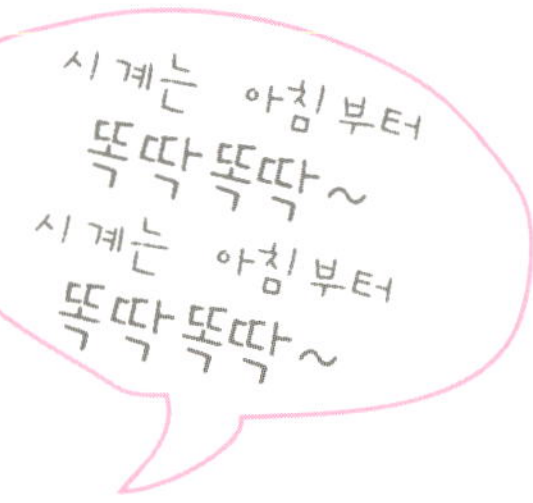

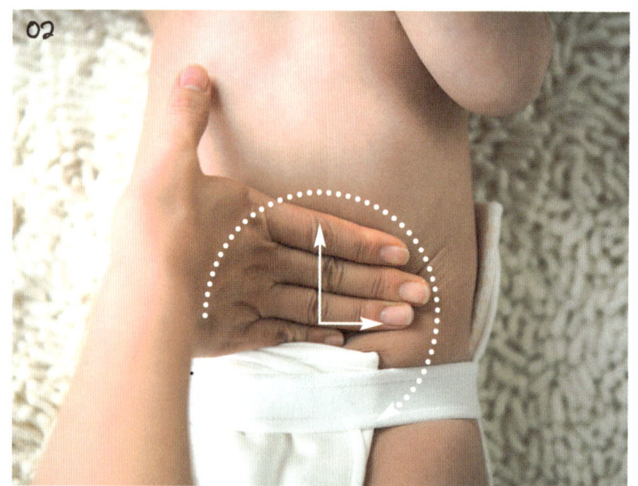

시계 그리기

소화가 잘 돼요!

1 엄마의 오른손바닥을 아기의 배꼽 위에 밀착시키고 시계방향으로 쓸
면서 돌려준다.

2 ①과 같은 방식으로 엄마의 네 손가락이 3시 방향까지 오도록 반 바
퀴 돌려준다.

3 ①~②의 과정을 5~6회 반복한다.

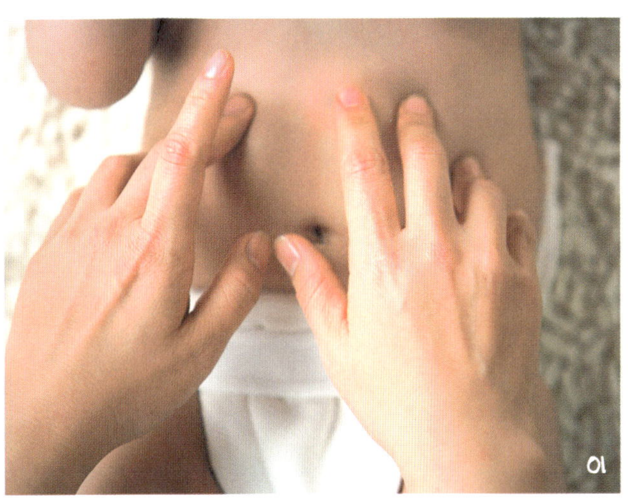

동작 3

손가락 걸음마

방귀가 뿡뿡 나와요!

1 엄마의 양 손가락을 모두 세워 아기의 배꼽 주변을 피아노 치듯이 꾹
꾹 눌러준다.

2 천천히 누르기도 하고, 빨리 누르기도 하면서 속도를 조절해 재미를
준다.

3 위의 동작을 여러 번 반복한다.

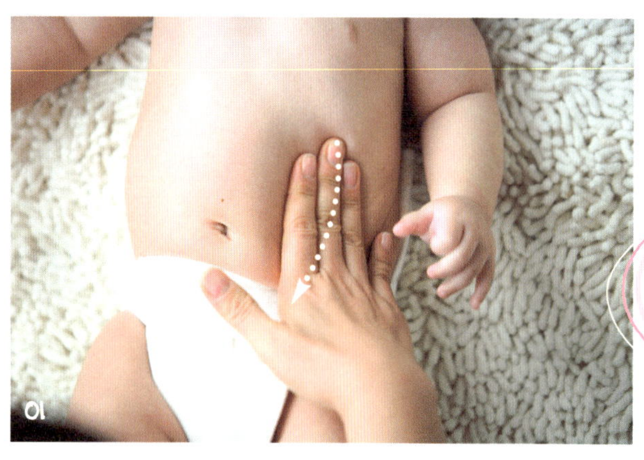

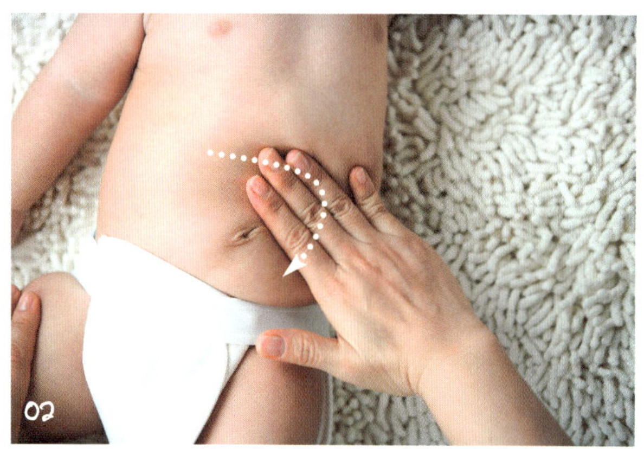

I LOVE YOU

변비가 사라져요!

1 엄마의 오른손을 펴서 아기의 배 왼쪽 부분을 위에서 아래로 쓸어내린다.

2 아기의 배 오른쪽 위부터 왼쪽 아래까지 기역(ㄱ)자로 쓸어내린다.

3 아기의 배 오른쪽 아래부터 시계방향으로 거꾸로 된 유(∩)자 모양을 그리며 쓸어돌린다.

4 ①~③의 과정을 2~3회 반복한다.

하트♡ 그리기

기침 감기 예방에 좋아요

1 엄마의 양손을 펴서 아기 가슴의 중심에 댄다.

2 아기 가슴의 중심에서부터 젖꼭지 주변으로 하트(♡) 모양을 그리며 쓸
  어돌린다.

3 ②를 2~3회 반복한다.

나비야 나비야

감기 예방에 좋아요!

1 엄마의 왼손바닥을 아기의 왼쪽 옆구리에 대고 어깨까지 밀어올린다.

2 ①의 상태에서 아기 배를 대각선으로 가로지르며 오른쪽 옆구리 아래까지 쓸어내린다.

3 엄마의 오른손바닥을 아기의 오른쪽 옆구리에 대고 어깨까지 밀어올린다.

4 ③의 상태에서 아기 배를 대각선으로 가로지르며 왼쪽 옆구리 아래까지 쓸어내린다.

5 ①～④의 과정을 2～3회 반복한다.

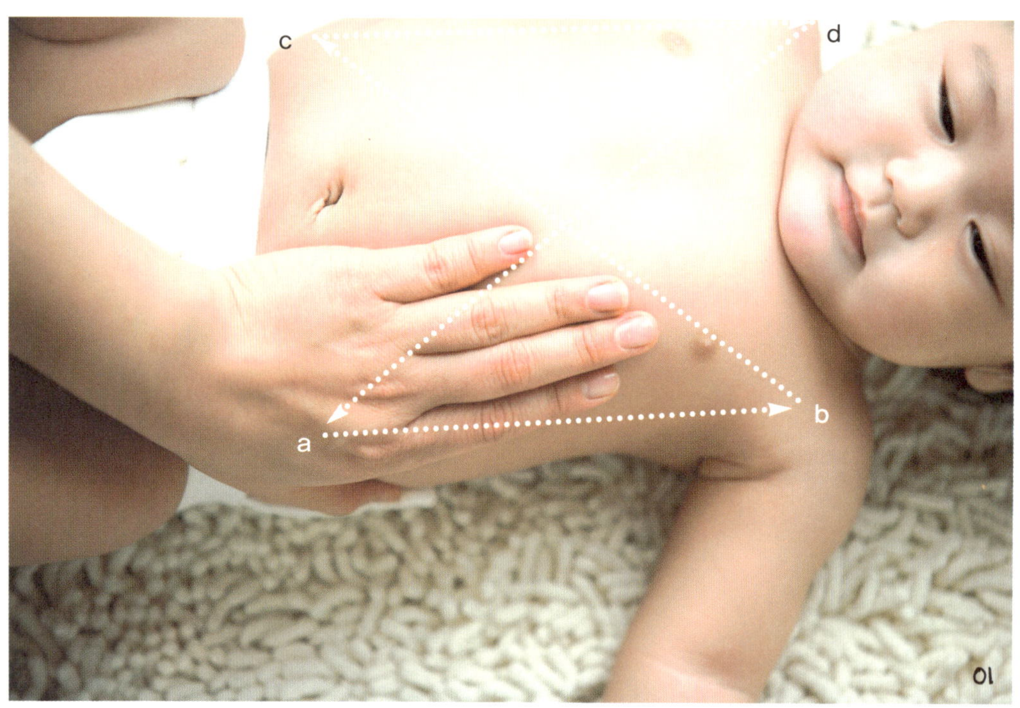

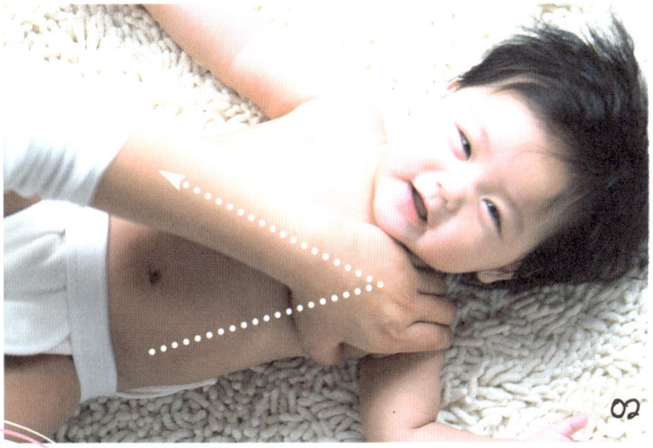

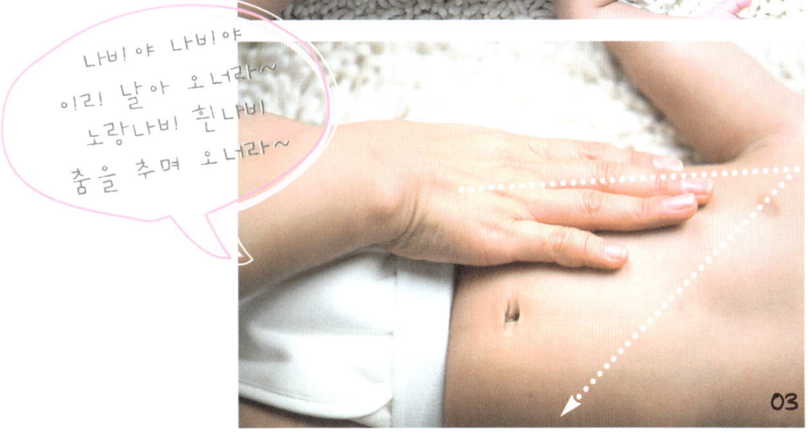

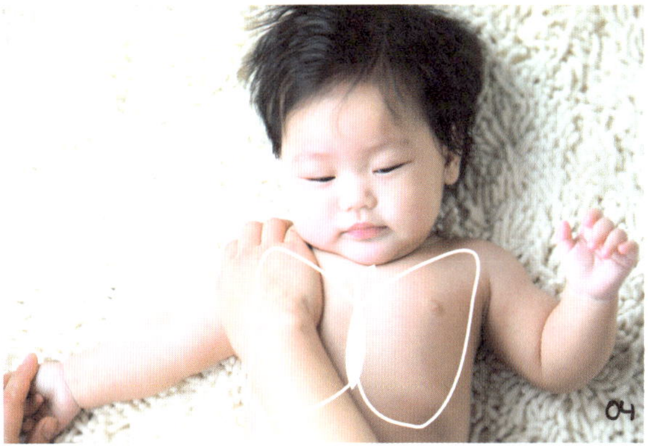

Check Point

엄마는 아기 호흡이 편안하고 자연스럽게 유지되도록 손에 힘을 빼고 부드
럽게 움직여준다.

손과 팔 마사지

손은 피부처럼 밖으로 나와 있는 두뇌라고 불린다.
반사구가 집중되어 있어 손으로 느낀 자극의 정보가
곧바로 뇌에 전달되기 때문이다.
아기는 보드라운 감촉을 특히 좋아하므로 부드러우면서도
다양한 자극을 많이 경험하게 해주는 것이 좋다.

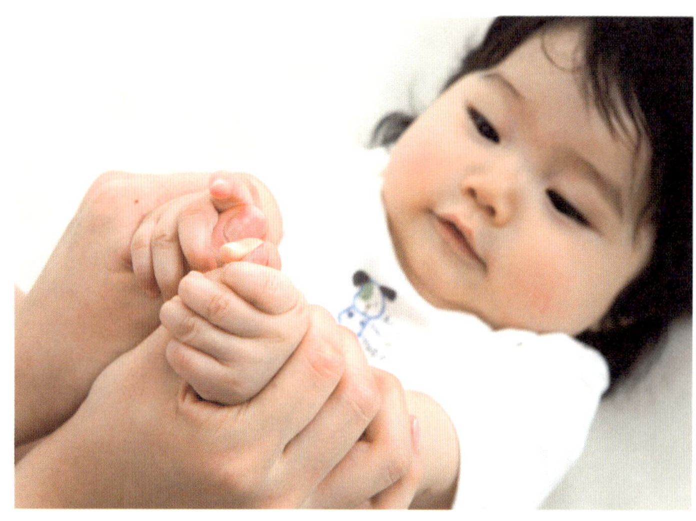

동작1~동작6까지 모두 끝마친 후, 아기의 손과 팔을 바꿔 동작1~동작6을 따라한다.

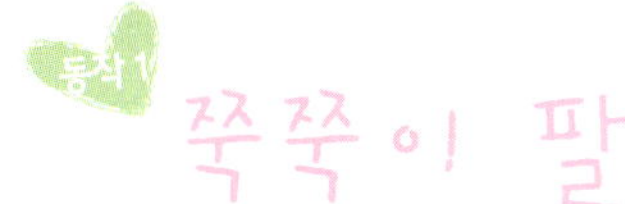

쭉쭉이 팔

손끝에 힘이 생겨요!

1 아기의 오른쪽 팔목을 엄마의 왼손으로 잡아 들어올린다.

2 엄마의 오른손으로 아기의 팔이 시작되는 겨드랑이 부분을 잡는다. 이때 손목과 팔
뚝의 맨 윗부분을 소젖을 짤 때처럼 손바닥 전체로 감싸 잡는다.

3 손목을 계속 잡은 상태에서 팔뚝을 잡은 손바닥을 밑으로 쭉쭉 쓸어내린다.

4 ③을 하면서 입으로 '쭈욱 쭉, 쭈욱 쭉' 하고 구령을 붙인다.

5 ①~④의 과정을 3~4회 반복한다.

01

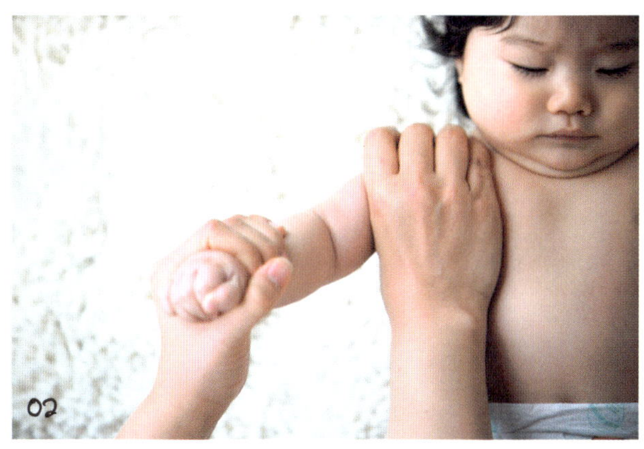

02

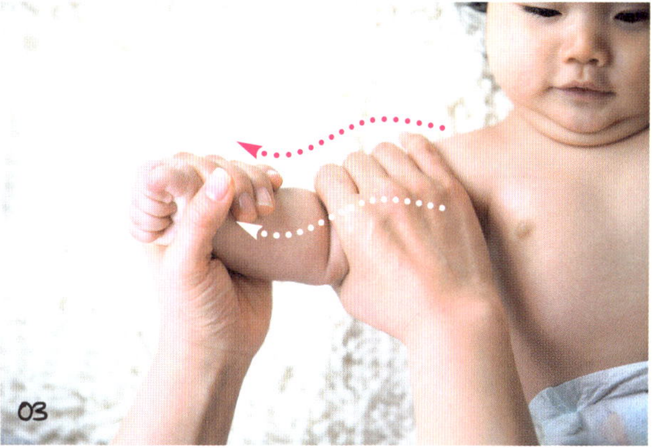

03

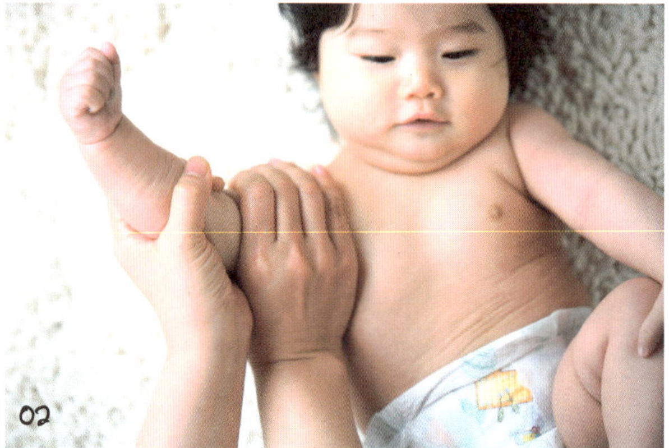

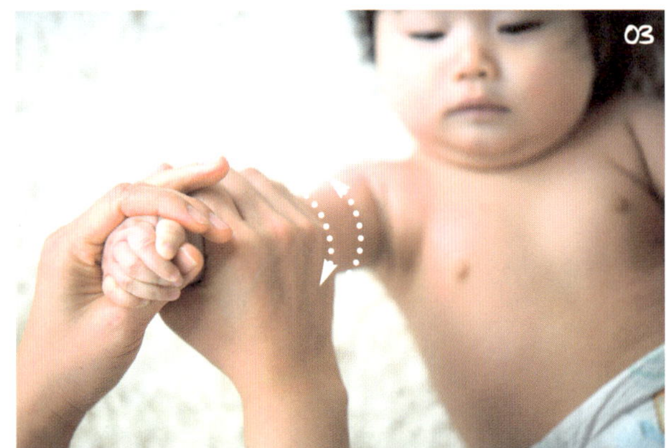

젖병 쥐어짜기

팔이 예쁘게 자라나요!

1 아기의 오른팔을 들어올린다.

2 엄마의 양 손바닥으로 젖병을 쥐듯 아기 팔뚝의 가장 두꺼운 부분을 감싸 잡는다.

3 양손을 빨래를 짤 때처럼 왔다갔다 비틀면서 손목 쪽으로 조금씩 내려온다.

4 ①~③의 과정을 2~3회 반복한다.

01

02

동작 3

손가락 펴주기!

손가락 근육이 발달해요!

1. 아기의 오른팔을 들고 아기 손목을 엄마의 왼손으로 살짝 감싸 쥔다.

2. 엄마의 오른손 엄지와 검지를 이용해 아기의 엄지손가락부터 새끼손가락까지 하나씩 살짝 누르면서 펴준다. 이 동작을 한 번 더 반복한다.

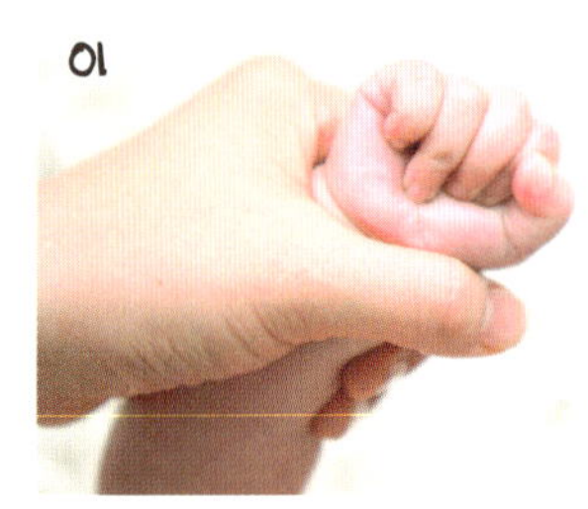

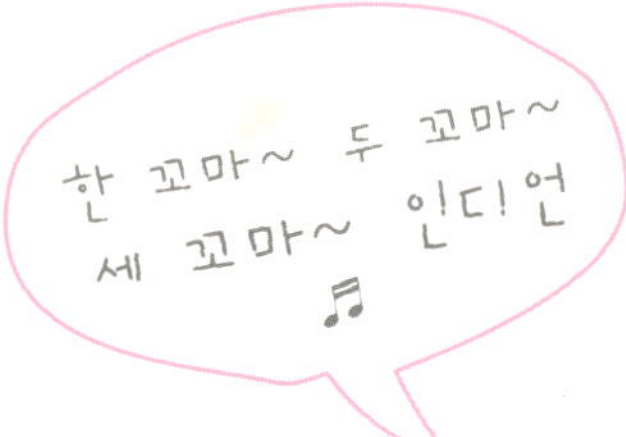

손가락 밀어올리기

머리가 똑똑해져요!

1 아기의 오른팔을 들고 아기 손목을 엄마의 왼손으로 살짝 감싸 쥔다.

2 엄마의 오른손 엄지 지문 부분으로 아기의 손바닥부터 손끝까지 밀어올리되, 손가락이 뒤로 살짝 젖혀질 정도로 밀어올린다.

3 ②를 엄지손가락부터 새끼손가락까지 해준다. 이 동작을 한 번 더 반복한다.

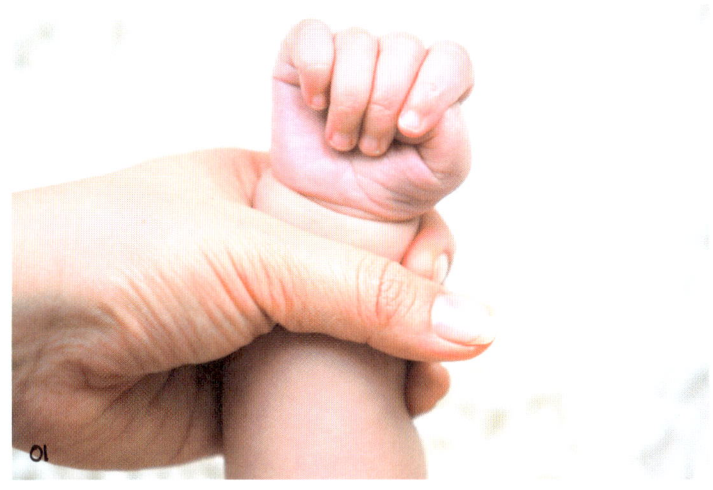

 동작 5

팔찌 그리기

손목이 튼튼해져요!

1 아기의 오른손을 들어올리고 엄마의 왼손으로 아기의 팔을 가볍게 잡는다.

2 엄마의 오른손 엄지를 이용해 아기 손목에 작은 동그라미를 그리며 뱅글뱅글 돌려준다. 동그라미를 그릴 때는 엄지손가락 끝에 힘을 주어 누르듯 돌려준다.

3 ②를 2회 반복한다.

팔 들어 털기

팔과 어깨가 시원해져요!

1 엄마의 왼손으로 아기의 오른쪽 팔목을 가볍게 잡고 들어올린다.

2 엄마의 왼손 엄지와 검지를 구부려 C자 모양을 만든 후 좌우로 살랑살랑 흔들어 아기 손목을 털어준다.

3 살랑살랑 흔들어 털어주다가 엄마 손을 갑자기 떼어 아기 팔을 바닥으로 툭 떨어뜨린다.

얼굴 마사지

사람의 신체 부위 가운데 얼굴은 시각, 청각, 후각, 미각을 담당하는
눈 코 입이 있으므로 매우 중요하다.
또한 얼굴은 사람의 인상을 좌우하므로
어릴 때부터 엄마의 세심한 관심이 필요하다.

이마 쓸어넘기기

이마가 반듯해져요!

1 엄마의 두 손으로 아기의 머리 위를 손바닥 전체로 감싼다.
2 아기 이마의 중심을 엄마의 양 엄지손가락으로 번갈아가며 머리 쪽
으로 밀어올린다.

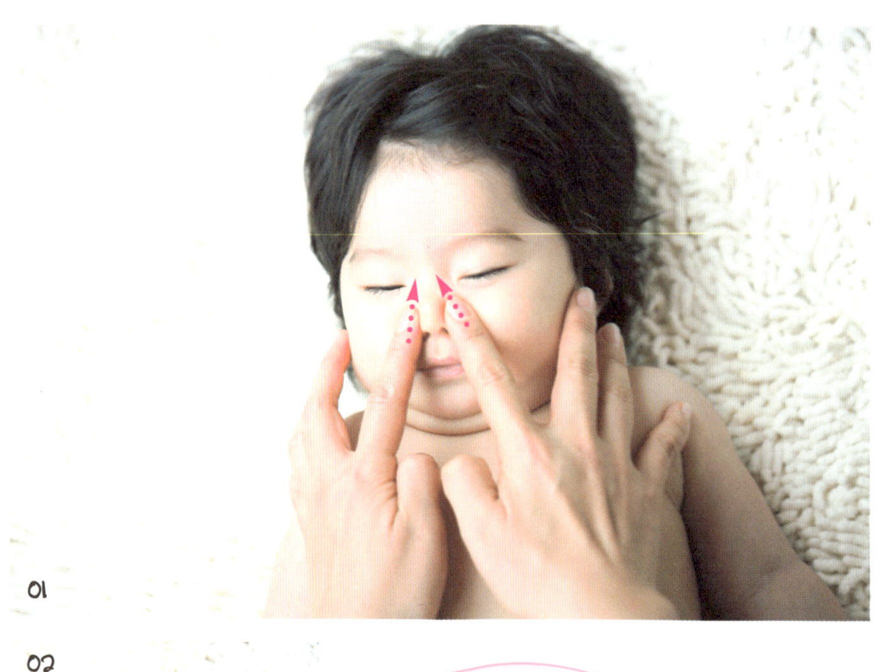

01

02

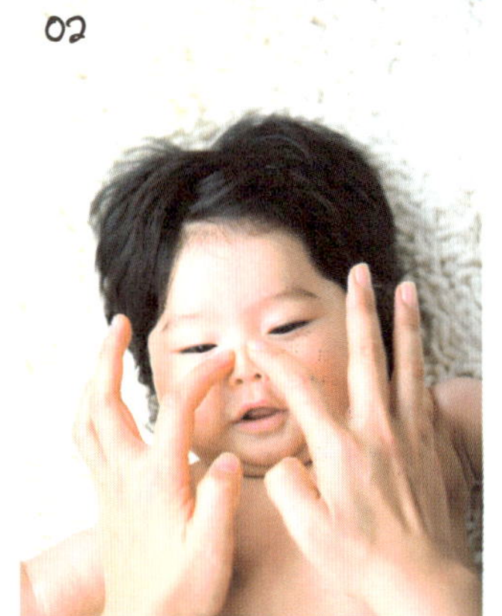

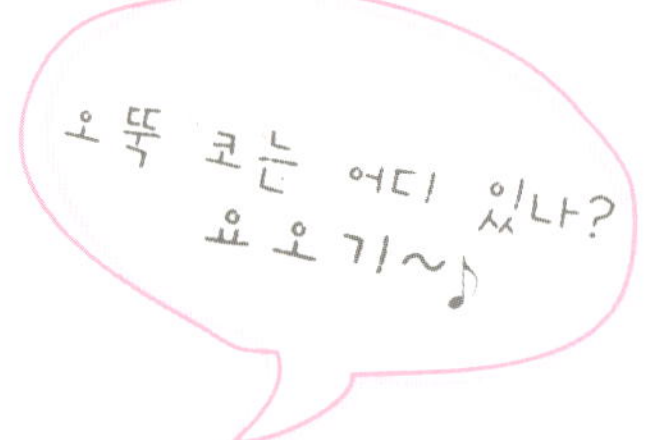

동작 2
콧대 세우기

콧대가 오뚝해져요!

1 엄마는 양손의 검지를 펴서 아기 콧방울 옆에 댄다.
2 엄마의 검지 끝을 미간 쪽으로 밀어올린다.

눈썹 그리기!

눈썹이 예쁘게 자라요!

1 엄마는 두 손을 펴서 아기의 머리 위를 손바닥 전체로 살짝 감싸고
엄지만 눈썹 위에 올려놓는다.

2 엄마의 엄지 끝으로 눈썹 머리부터 꼬리까지 여러 번 쓸어준다.

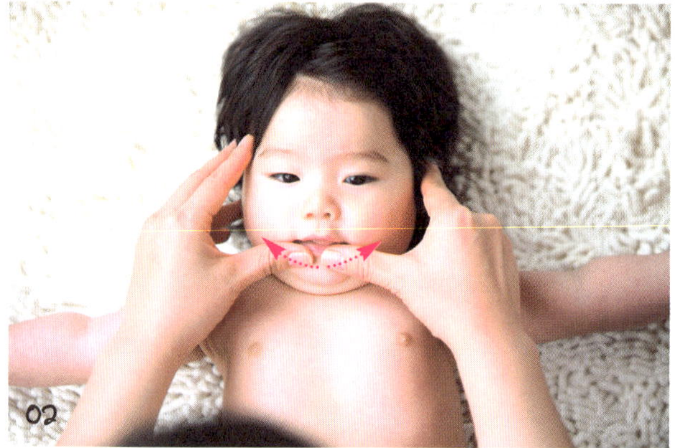

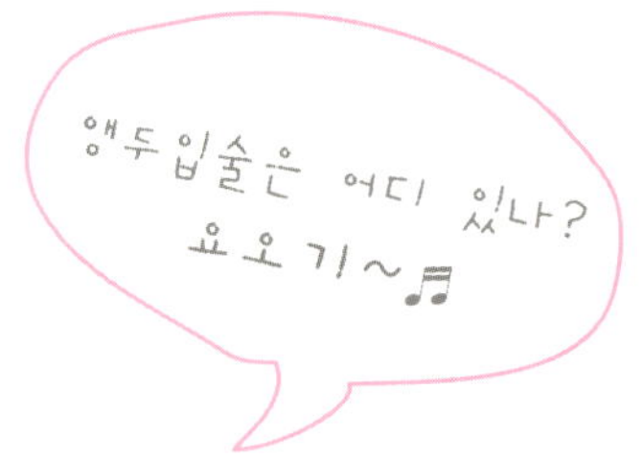

 스마일라인 그리기

입 모양이 예뻐져요!

1 엄마의 양 엄지손가락을 아기의 윗입술에 올려놓고 입술 중심에서
부터 꼬리까지 쓸어준다.

2 ①과 같은 방법으로 아랫입술도 쓸어주되 입 꼬리 부분에서는 쓸어
올려준다.

3 1~2초 동안 멈추어 스마일라인을 만들어준다.

볼터치

웃는 모습이 예뻐져요!

1 엄마의 손가락을 이용해 아기 볼의 광대뼈 부분을 뱅글뱅글 돌려준다.

2 아기 뺨 전체를 세 손가락으로 피아노 치듯이 두드려준다.

01

02

Check Point

아기 얼굴을 만질 때 손으로 아기의 시야를 가리지 않도록 조심한다. 엄마의 얼굴이 보이지 않으면 아기가 불안해 하기 때문.

등과 엉덩이 마사지

척추는 머리를 받치고 몸의 중심을 잡아주는 역할을 한다.
또한 골반은 척추를 받쳐 두 다리의 균형을 잡아준다.
이 마사지는 특히 걸음마를 시작하기 전 단계의 아기들에게 유용하다.
이 시기의 아기들은 기고 걷기 위해 척추와 골반을 많이 사용하기
때문에 등과 엉덩이 근육이 긴장돼 있다.
이때 등과 엉덩이 마사지를 해주면 척추와 골반 주변의 긴장된
근육을 풀어주고 정서적으로 안정시켜
숙면을 취할 수 있도록 도와준다.

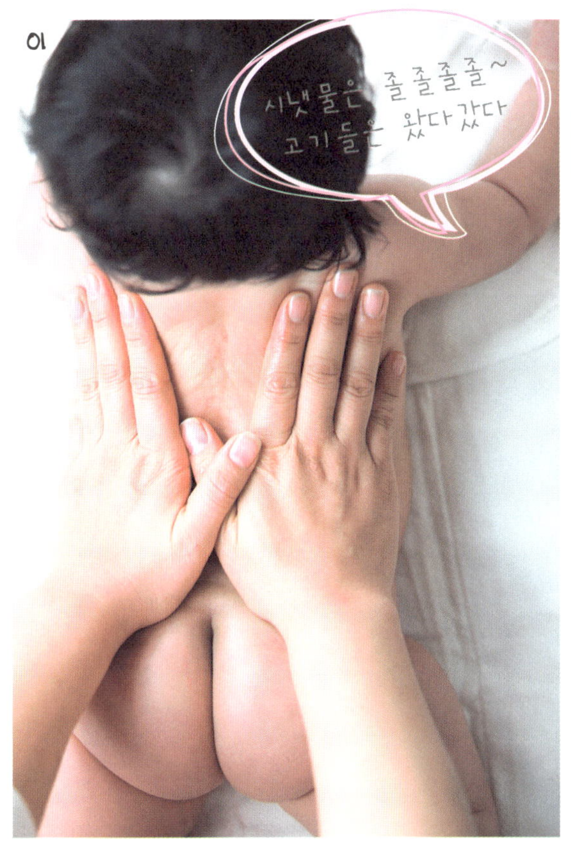

01

02

동작 1

쓸어내리기!

등이 편안해져요!

1 아기의 배가 바닥에 닿도록 엎어놓고 엄마의 양손을 펴서 손가락 끝이 아기 뒷목에 닿게 올려놓은 뒤, 엄마 손의 따뜻한 기운이 아기 등에 전해지도록 잠시 멈춘다.

2 엄마의 손바닥이 아기 등에서 떨어지지 않도록 밀착시키고 엉덩이까지 물결 모양으로 쓸어내린다.

3 ②를 3~4회 반복한다.

달팽이집 그리기

허리가 곧게 자라요!

1 아기의 뒤허리 중심에 엄마의 양손 검지와 중지를 올려놓는다.

2 옆구리까지 나선형을 그리면서 문질러준다.

3 ①의 위치보다 척추를 따라 조금 더 올라간 지점에 엄마의 양손 검지와 중지를 올려놓는다. ②와 같은 방식으로 옆구리까지 나선형을 그리며 문질러준다.

4 척추를 따라 뒷목까지 계속 간격을 두고 올라가면서 ③과 같은 동작을 반복한다.

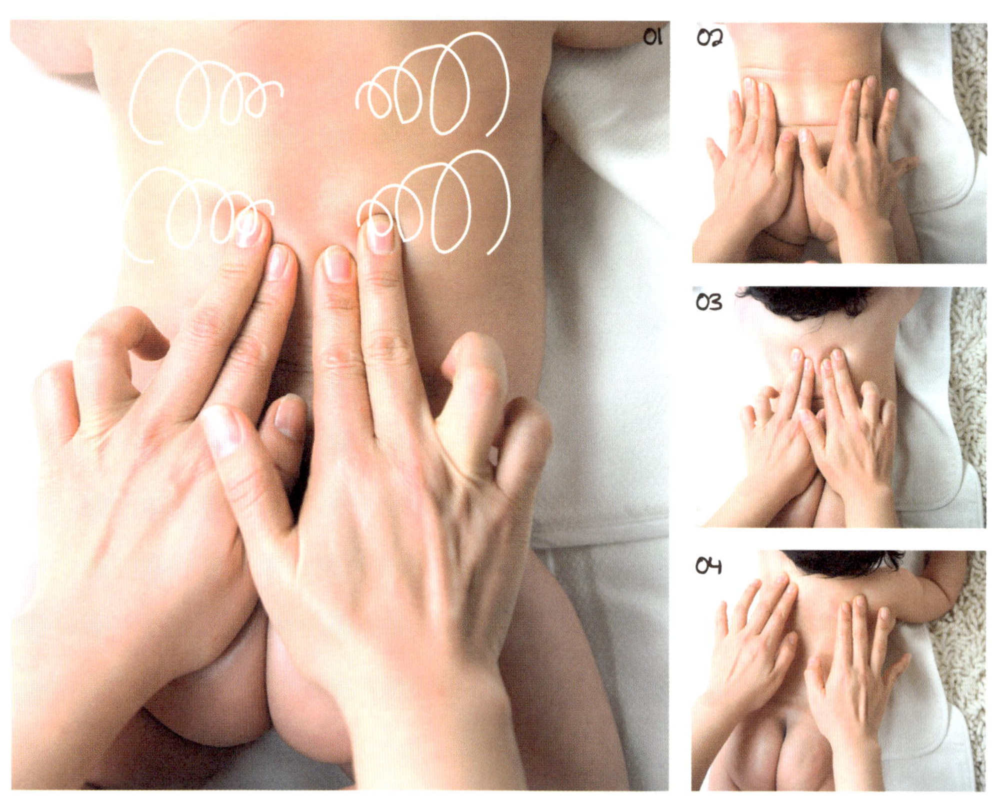

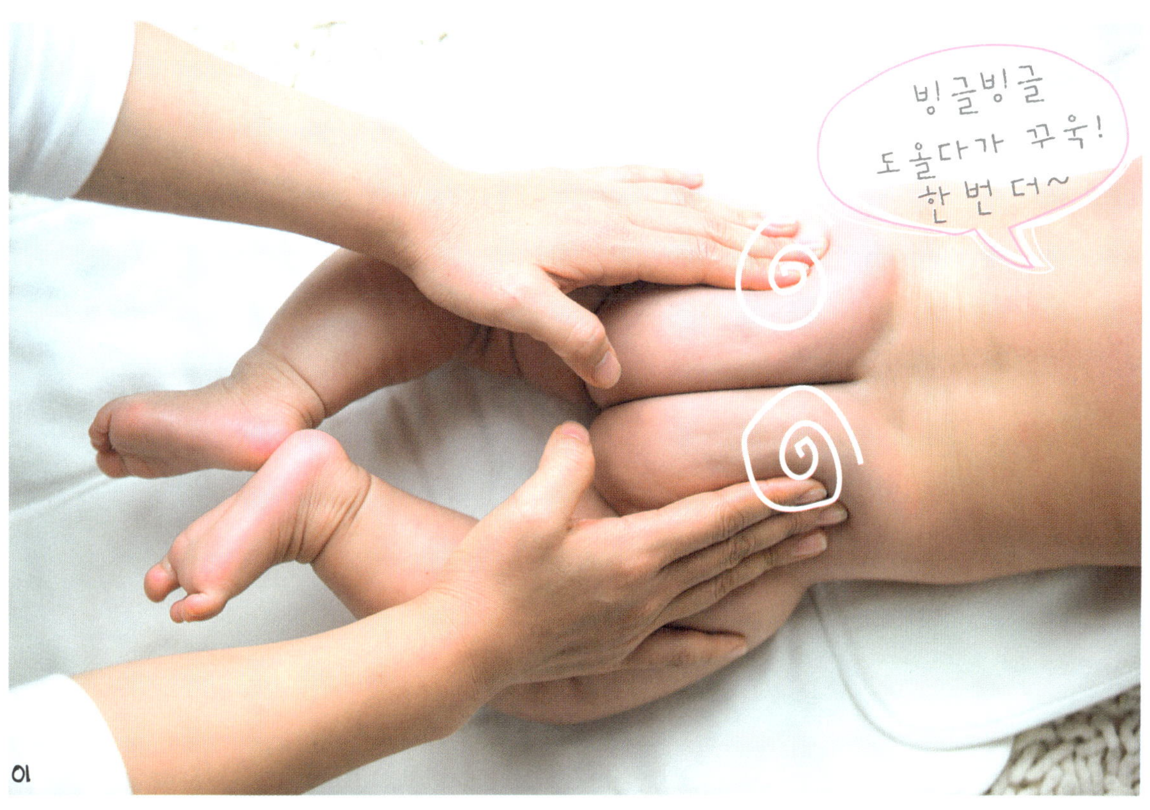

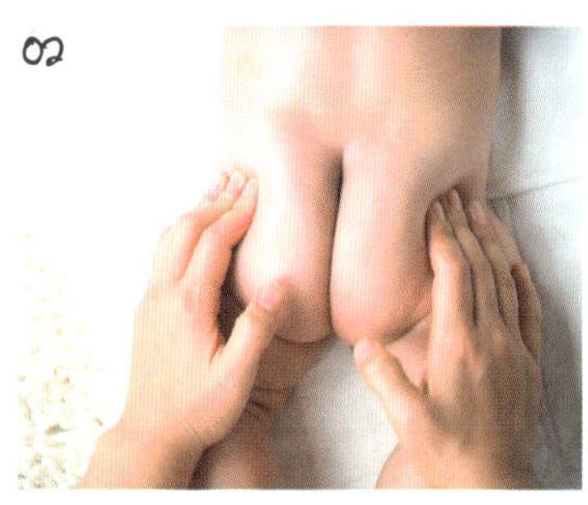

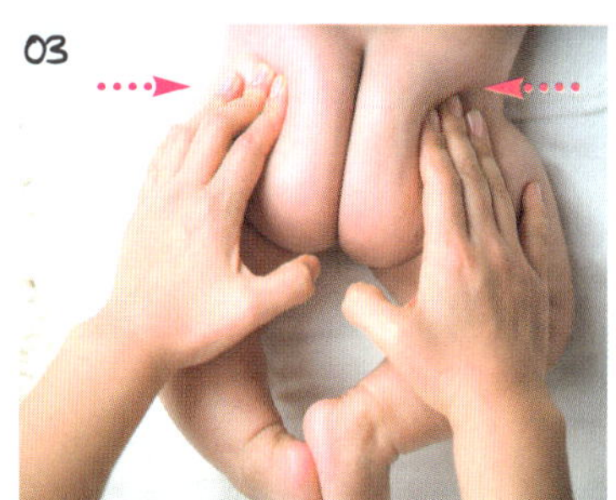

엉덩이 주사 맞기

엉덩이가 탱탱해져요!

1 아기를 엎어놓고 엄마의 양손을 펴서 아기 엉덩이의 주사 맞는 부위에 올려놓는다.

2 엄마의 양 손가락을 엉덩이 위에서 빙글빙글 돌리다가 잠시 멈추고 주사 놓는 시늉을 하며 손가락 끝마디에 힘을 주어 꾸욱 눌러준다.

3 ①~②를 3회 반복한다.

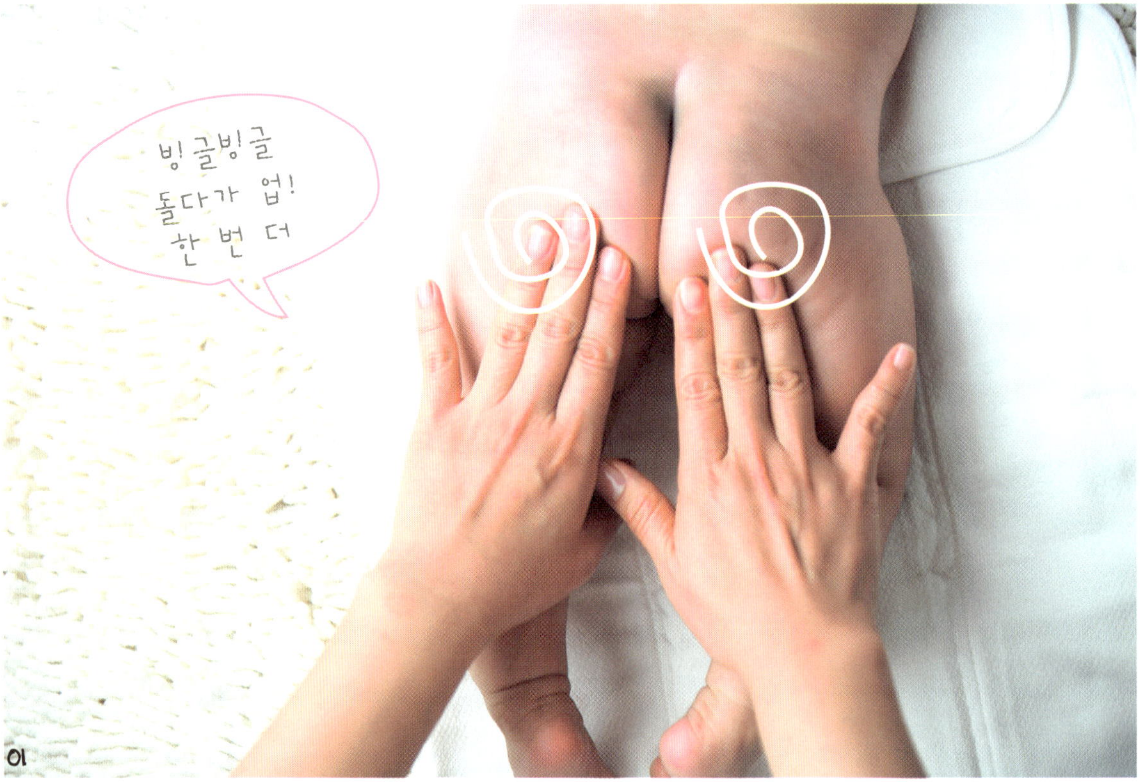

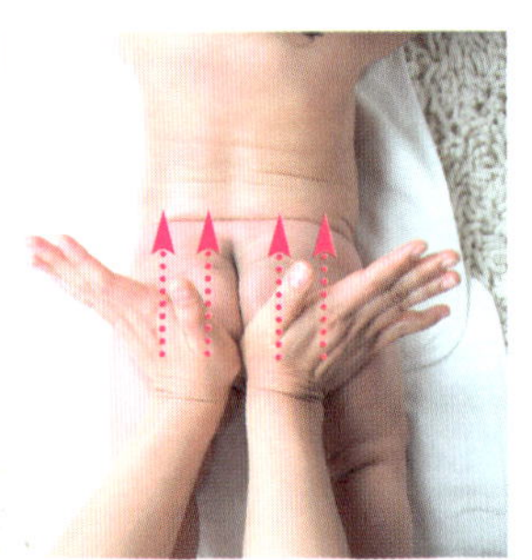

동작 4 엉덩이 밀어올리기

엉덩이가 올라가요!

1 아기를 엎어놓고 엄마의 양 손가락을 아기의 아래쪽 엉덩이에 올려놓는다.

2 ①의 상태에서 엄마의 양 손가락을 빙글빙글 돌리다가 잠시 멈추고 손바닥에 힘을 주어 허리 쪽으로 쭉 밀어올린다.

3 ①~②를 3회 반복한다.

Check Point

목을 아직 가누지 못하는 신생아일 경우에는 바닥에 배를 밀착시켜 엎드리는 자세는 피한다. 아기 얼굴과 목이 불편하기 때문.

"엄마는 우리 아기와 함께 해서
너무너무 행복해!"

마사지가 끝나면 아기가 다시 엄마를 정면에서 마주 볼 수 있도록 눕히거나 안고서 마사지를 하는 동안 잘 따라준 것에 대해 아낌없이 칭찬해준다.

이럴 땐 이렇게!
증상별 베이비 마사지

☀ 변비

하루에 1~3회 부드러운 변을 배설하는 것이 일반적이지만 3일 이상 배변이 없다거나, 혹은 매일 배변이 있다 하더라도 변이 굳고 힘을 주어도 충분히 배출되지 않거나 항문에 상처가 생긴다면 이는 변비다.

원인으로는 모유나 우유 부족이라 생각할 수 있으므로 모자라는 수유량을 채워주어야 하며, 특히 우유에는 모유에 비해 지방과 유당의 양이 적으므로 변비가 생기기 쉽다.

변비에는 여러 가지 원인이 있겠지만 배 마사지를 통해 장을 자극하는 방법으로 배변을 유도한다. 엄마의 손을 따뜻하게 한 다음 배를 시계방향으로 부드럽게 마사지해주고 운동을 많이 시켜서 장의 운동을 활발하게 해주는 것이 좋다.

▮ 대장의 길을 따라 '아이 러브 유 마사지'를 해주세요~

☀ 감기 · 기침

아기들의 기관지는 어릴수록 작고 좁다. 이때 기침은 가래를 밖으로 끌어올리는 작용도 하므로 무조건 나쁜 건 아니다. 우선 집안의 환경을 쾌적하게 하고 온도는 22~24℃, 습도는 50~60%를 유지할 수 있도록 한다.

그리고 기침이 심할 때에는 묽은 가래가 잘 빠져 나오도록 따뜻한 물을 수시로 먹여주고 달걀 하나를 쥔 듯한 손 모양을 하고 등을 수시로 많이 두드려준다.

▮ 가슴에 커다란 하트를 그려주고 손가락으로 토닥토닥 두드려주세요~

☀ 배앓이

3개월 미만의 아기들에게서 자주 일어나는 배앓이는 원인을 알 수 없는 갑작스러운 복통인 경우가 많다. 영아 산통이 오게 되면 아기가 갑자기 울기 시작하는데, 그 울음 소리는 매우 크고 지속적이며 한번 시작된 울음은 대개 수 시간 동안 이어져 아기의 얼굴이 발갛게 상기되어 있기도 하고, 입 주위가 창백하게 되기도 한다.

아기의 배는 상당히 팽창되어 있고 비록 두 다리를 일시적으로 쭉 뻗기도 하지만 주로 두 다리를 배 위로 끌어당기는 모습을 보인다. 이때 따뜻한 엄마의 손으로 아기의 배에 가만히 대어주거나 쓸어내려주어 아기의 장을 진정시켜주면 효과적이다.

▌손바닥으로 배꼽 주변을 돌려주면서 '시계놀이 마사지'를 해주세요~

☀ 트림이 안 나올 때

아기는 젖이나 우유를 삼킬 때 공기도 같이 삼키게 된다. 삼켜진 공기는 위를 차지하여 배가 팽만해지고 더 이상 우유를 먹을 수 없게 한다. 위가 많이 팽창한 경우에는 아기가 토하기도 하므로 수유 후에는 반드시 트림을 하게 해 위에 있는 공기를 빼주어야 한다.
트림을 잘 하게 하려면 먼저 아기를 한 쪽 팔로 아기의 등과 머리를 지탱하여 아기의 머리가 엄마의 어깨 위에 오도록 바로 세워 안거나, 아기를 엄마의 허벅지 위에 엎드리게 하되 아기의 머리를 가슴보다 높여준 후, 아기의 등을 손바닥으로 가볍게 두드려주거나 문질러준다.

▌아기의 등을 가볍게 두드려주세요~

☀ 잠 못 자고 보챌 때

잠투정이 심한 아기는 매일 밤 따뜻한 목욕과 마사지를 통해 규칙적인 수면 습관을 들이도록 한다. 아기가 편안하게 잠들어야 엄마와 다른 가족 또한 편안하게 잘 수 있기 때문이다. 또 아기의 규칙적인 수면 습관은 아기의 성장 발달에도 많은 영향을 끼친다. 아기가 밤에 잠을 안 자고 보챌 때는 아기의 등에서부터 엉덩이까지 반복해서 잠이 들 때까지 쓸어내려주는 마사지가 효과적이다.

▌아기의 등부터 엉덩이까지 쓸어내려주세요~

베이비 마사지할 때 들려주면 좋은 음악

- 비발디 협주곡(사계의 봄)
- 하이든 현악 4중주(세레나데)
- 슈베르트 들장미
- 모차르트 피아노 협주곡 21번
- 바하 폴로네이즈
- 하이든 시계교향곡 제101번 2악장
- 하이든 현악 5중주 C장조
- 브라암스 자장가
- 모차르트 자장가
- 슈베르트 자장가
- 바하 G 선상의 아리아
- 멘델스존 노래의 날개
- 요한스트라우스 왈츠(빈 숲속의 이야기)
- 차이코프스키 백조의 호수
- 헨델 대장장이의 장난
- 베르디 여자의 마음
- 드보르작 유모레스크 작품 101의 7

parT 02

베이비 요가

베이비 요가는 베이비 마사지와는 달리 엄마와 아기가 상호작용을 하는 방식이다. 동작이 좀 더 활기차고 능동적이라 놀이처럼 신나고 재미있게 즐길 수 있다. 또한 엄마와의 일체감을 느끼게 해줄 뿐 아니라 아기의 공간지각 능력과 다양한 감각을 키워주는 효과도 있다. 아기는 같은 동작을 수 차례 반복하면서 스스로 신체를 조절하는 방법을 배우게 된다. 아기가 보내는 신호에 적절한 반응을 보여주면서 여러 동작들을 활용해 우리 아기에게 잘맞는 베이비 요가 프로그램을 구성해보자.

 베이비 요가, 이런 점이 좋아요

아기의 신체 발달은 물론 감각과 면역력 등을 높이는 데 효과적이라고 알려지면서 베이비 요가가 큰 인기를 끌고 있다. 간단한 동작만으로도 아기뿐 아니라 엄마까지 몸과 마음이 함께 건강해진다는 베이비 요가. 구체적으로 어떻게 좋은지 알아보자.

신체를 조절하는 시기가 빨라져요

베이비 요가를 매일 꾸준히 하면 근육이 골고루 발달해 생후 6개월간 아기 몸에서 일어나던 반사적인 운동이 의식적인 운동으로 빠르게 전환된다. 이러한 변화는 스트레칭과 발차기, 두 동작을 통해 알 수 있다. 아기가 태어나자마자 행하는 생존을 위한 몸부림은 발차기와 자전거 타기 동작을 시작하면서부터 짧지만 반복적이고 구체적인 동작으로 바뀌어간다. 그래서 아기는 요가를 하고 난 뒤 발차기를 더 자주 한다. 이러한 동작들은 엉덩이 운동을 통해 한결 빨라진다. 또한 척추를 이용한 동작들을 꾸준히 하면 목 근육이 강화돼 아기가 목을 가누고 몸의 방향을 바꾸는 시기가 빨라진다.

온몸 구석구석 감각을 키워줘요

베이비 요가는 아기에게 자극을 주어 감각을 키워준다. 베이비 요가를 통한 첫 번째 감각적 자극은 친밀감을 좀 더 적극적으로 표현한다는 것이다. 베이비 요가를 하는 도중에 엄마가 아기를 바라보면 아기도 엄마의 얼굴을 찾아 고개를 돌리고, 말을 건네거나 노래를 불러주면 그때마다 반응을 보이게 된다.

또한 몸을 움직이는 동안 아기는 엄마의 체취를 맡으면서 자신을 안아주는 독특한 방식도 하나하나 구별할 수 있게 된다. 그리고 엄마가 얼굴을 아기에게 가까이 가져갔다가 물러나는 동작을 할 때는 시각적인 자극을 받기 때문에 아기는 다양한 움직임에 자신의 초점을 변화시키는 방법을 빨리 깨닫게 된다. 이처럼 베이비 요가는 엄마와의 상호작용을 통해 이루어지므로 아기의 모든 감각을 자극해 동시에 발달시킨다.

숙면에 도움을 줘요

많은 시간을 들이지 않고도 엄마가 아기를 하루 종일 안고 어루만져줄 때와 같은 효과를 얻을 수 있다. 그래서 몸과 마음을 편하게 안정시키고 적당한 피로감을 안겨주어 아기가 깊은 잠을 잘 수 있도록 도와준다.

ⓒ 신진대사가 원활해져요

소화기관과 신경계는 물론 신체 각 조직에 적당한 자극을 주므로 신진대사가 활발해진다. 아울러 소화가
잘 돼 입맛이 좋아지고, 성장 발육에도 도움이 된다. 따라서 허약체질이거나 소화기가 약한 아기들, 성장
이 더딘 아기들은 베이비 요가를 통해 좋은 효과를 볼 수 있다.

ⓒ 이해력과 의사소통 능력이 발달해요

아기와 엄마가 상호작용을 하기 때문에 서로에 대해 좀 더 깊이 알아가게 된다. 그러한 과정에서 아기는
상대방의 말과 행동을 이해하고, 자신의 감정을 상대에게 전달하는 의사소통 능력이 발달하게 된다. 또
한 다른 사람과 협조하는 방법과 놀이에 적극적으로 참여하는 방법을 자연스럽게 배우기 때문에 사회성
을 기를 수 있다.

ⓒ 스트레스가 해소돼요

몸을 많이 움직이면서 동작에 집중하다보면 머리가 맑아지고 기분이 상쾌해질 뿐 아니라 스트레스도 사라
진다. 이처럼 요가를 통해 스트레스를 긍정적으로 해결하는 즐거움을 자주 맛보면, 살아가면서 어려운 일
이 닥쳤을 때 슬기롭게 대처할 수 있는 능력이 생긴다.

ⓒ 유머 감각과 긍정적인 사고가 발달해요

아기는 우리가 상상하는 것보다 훨씬 뛰어난 대화 능력을 가지고 있다.
그래서 부모가 아기에게 많은 관심을 보여줄수록 좀 더 풍부하고 다
양한 반응을 나타낸다.
베이비 요가를 할 때 아기가 엄마 얼굴을 제대로 볼 수 있는 적당한
거리, 즉 초점거리를 유지하는 일이 매우 중요하다. 신생아의 초점
거리는 30cm 정도다. 이때 아기와 엄마 사이에는 강렬한 정서
적 교류가 일어나므로 아기가 엄마의 눈을 처음 응시할 때 미
소 띤 얼굴로 마주 보면서 부드럽게 말을 건네면 좋다.
또 엄마가 즐거운 표정을 지으면 아기도 같이 반응한다. 이러
한 반응은 아기의 유머 감각과 긍정적인 사고를 키워준다.

02 요가 준비물 & 체크리스트

베이비 요가의 효과를 높이려면 무엇보다 아기의 심신을 안정시켜야 한다. 이를 위해 어떤 환경을 조성하고, 또 아기를 어떤 식으로 이끌어야 할지 찬찬히 살펴보자.

◎ 매트나 담요를 준비하세요

베이비 요가는 실내 공간이라면 어디에서나 할 수 있다. 이때 요가를 할 바닥이나 낮은 침대 위에 깨끗한 매트나 담요를 푹신하게 깔아두면 동작을 진행하기가 수월하다. 아울러 벽면에 기대어 스트레칭을 할 수 있도록 아무 것도 없는 빈 벽면이 있으면 더욱 좋다. 또한 두 사람이 요가를 하기에 충분한 공간일 경우 특별한 분위기를 연출하는 아기 전용매트를 사용하면 한결 편하고 즐겁게 할 수 있다.

◎ 아기의 컨디션을 살펴보고 시작하세요

베이비 요가는 엄마와 아기 모두 편안한 상태에서 시작해야 한다. 몸과 마음이 불편하면 동작에 집중할 수 없고, 상대방까지 불안하게 만들어 좋은 효과를 얻기 힘들다. 베이비 요가에서 스킨십은 우선 아기를 지지해주는 손을 통해 이루어지지만 눈빛과 목소리, 표정, 말투 등을 통해서도 감정이 전달된다. 따라서 동작은 최대한 부드럽게 하는 것이 좋고, 아기의 연령이나 기질보다는 그날의 컨디션과 반응을 잘 살펴 얼마나 오랫동안 할지, 어떤 동작을 할지 결정하는 것이 바람직하다.

◎ 맨발이 안전해요

아기들은 실내온도가 적당하게 유지되면 얼마 동안은 옷을 입지 않고 자유롭게 움직이는 것을 좋아하지만, 베이비 요가를 하는 동안 반드시 옷을 벗을 필요는 없다. 다만, 아기의 안전을 위해 꼭 맨발로 해야 한다. 양말을 신게 되면 발이 미끄러워 아기를 안전하게 잡고 있기가 힘들기 때문이다.

◎ 아기 스스로 많은 감각을 쓰도록 해주세요

요가를 하는 동안 아기가 자신의 감각을 더 많이 사용하도록 이끌어주는 것이 좋다. 그러면 아기의 반응도 더욱 커지고, 좀 더 적극적인 자세로 임하게 된다. 이때 엄마가 염두에 두어야 할 점은 따뜻하고 애정 어린 태도를 보여주어야 한다는 것이다. 그래야 아이의 모든 감각이 살아나 골고루 발달하게 된다. 베이비 요가의 궁극적인 목적은 아기를 최대한 즐겁게 해주기 위한 것이므로 지나치게 형식에 얽매이지 말고, 재미있게 진행하도록 한다.

◎ 하루 중 가장 즐거운 시간에~

베이비 요가를 하기에 좋은 시간이 따로 정해져 있는 건 아니다. 여건이 되면 언제든지 할 수 있다. 그중에서도 아기가 즐겁게 할 수 있는 시간대는 저녁이다. 저녁에는 마사지와 목욕을 함으로써 몸과 마음이 편안해지고 가족이 모두 모여 함께 할 수 있기 때문이다.

◎ 매일 규칙적으로 하면 더 효과적이에요

베이비 요가의 기본 동작들은 엄마와 아기가 함께 매일 조금씩 연습하면 금세 익숙해진다. 따라서 요가를 통해 좋은 결과를 얻으려면 잠깐씩이라도 매일 연습하는 것이 중요하다. 만일 아기와 부모 중에서 어느 한 쪽의 컨디션이 좋지 않을 때는 동작을 시작하기 전에 충분히 긴장을 풀어주도록 한다. 만일 요가를 중단했다가 다시 시작할 경우에는 중단한 시점에서 하던 동작을 계속 이어서 하면 된다.

요가 효과 높이는 준비동작

요가를 할 때 무엇보다 엄마의 자세가 편해야 한다. 내게 맞는 자세를 선택한 다음 아기와 함께 준비운동을 해보자. 준비운동은 팔다리를 가볍게 흔드는 동작을 반복하면서 몸을 풀어주는 스트레칭을 시작으로 차츰 동작의 크기를 늘려가는 식으로 하면 된다.

◉ 처음에는 엄마 허벅지에 아기를 눕힌 자세가 좋아요

갓난아기들은 엄마 뱃속에 있을 때처럼 밀착된 접촉을 통해 안전하게 보호받고자 하는 욕구가 강하다. 그러므로 아기에게 베이비 요가를 처음 시도할 때는 친밀감이 느껴질 수 있도록 엄마의 허벅지 위에 눕혀놓고 하는 것이 가장 좋다. 이렇게 하면 아기는 몸이 따뜻해지므로 포근하고 편안한 느낌을 받게 되고, 요가를 하면서 모든 감각을 사용하기에 적당한 거리를 유지할 수 있다. 또한 흔들어주기와 스트레칭, 두 가지 모두 가능하기 때문에 쉽고 편하게 진행할 수 있다.

◉ 소파 등에 기대면 한결 편해요

요가를 할 때는 무엇보다 엄마의 자세가 편안해야 한다. 따라서 엄마는 중심을 잡기 위해 불편함을 감수하지 말고 침대, 소파, 의자와 같이 기대기 좋은 곳이면 어디에든 등을 기대는 것이 좋다. 만일 기대지 않고 꼿꼿이 앉는 자세를 선호한다면 긴장을 푼 후 등을 똑바로 세우고 앉는다.

다양한 크기의 쿠션을 이용해 가장 적합한 자세를 취해보자. 다리를 구부리거나 펴는 것도 상관없다. 베이비 요가를 할 때 동선은 허리 아랫부분에서부터 가볍게 시작돼 팔을 구부리거나 쭉 펼 때 에너지가 엄마의 골반에 집중될 수 있어야 한다.

내 몸에 꼭 맞는 자세 고르기

L형 자세

1 엄마는 등을 똑바로 세우고 앉아 두 다리를 앞으로 나란히 쭉 뻗는다.

2 아기를 엄마 허벅지 위에 앉혀 엄마와 같은 곳을 바라볼 수 있게 한다.

이 자세를 취하면 허리와 등, 목의 긴장 상태를 쉽게 파악할 수 있다. 가능한 한 등을 똑바로 세운 상태에서 숨을 깊이 들이쉬고 내쉬면서 복부 근육의 움직임을 살펴보자. 이때 엄마는 시선을 다른 곳에 두더라도 아기에게 지속적인 관심을 기울이면서 말과 손으로 아기와 대화를 나눠야 한다.

N형 자세

1 엄마는 등을 살짝 젖히고 앉는다.

2 무릎은 직각으로 구부리고 엄마 얼굴을 마주 볼 수 있게 아기를 허벅지 위에 눕힌다.

이 자세는 엄마의 무릎을 구부려 아기를 허벅지 위에 눕힌 것으로 엄마와 아기 얼굴이 비슷한 위치에서 마주 보고 있으므로 눈 맞추기가 좋다.

Y형 자세

1 엄마는 두 다리를 쭉 펴고 앉아 옆으로 넓게 벌린다.

2 아기를 엄마의 두 다리 사이에 등이 닿도록 바로 눕힌다.

이 자세는 엄마 골반을 유연하게 해주는 효과가 있다. 또한 엄마가 몸을 자유롭게 움직일 수 있어 베이비 요가를 실행하기에 가장 적합한 자세다.

1 엄마는 바닥에 앉아 무릎을 쭉 펴고 아기를 허벅지 위에 바르게 앉힌다.

2 엄마의 좌우 무릎을 번갈아가며 구부린다.

3 천천히 구부리다가 점점 빠르게 구부린다. 이때 엄마의 허벅지 위에서
아기의 엉덩이가 들썩들썩 움직이게 된다.

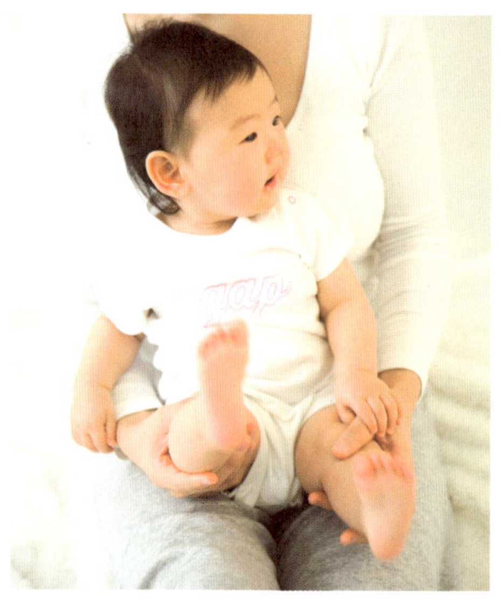

1 엄마는 바닥에 앉아 무릎을 쭉 펴고 아기를 허벅지 위에 바르게 앉힌
다.

2 엄마의 두 손으로 아기의 손목을 가볍게 감싸 쥔다.

3 아기의 두 팔을 천천히 들어올려 만세를 부른다.

4 아기가 두 손으로 머리-어깨-무릎-발 순서로 짚어 내려가도록 노
래를 불러준다.

다리가 길고 유연해지는 요가

엉덩이와 다리를 연결하는 고관절과

무릎관절을 유연하게 만들어준다.

이때 아기는 자연스럽게 복식호흡을 하게 된다.

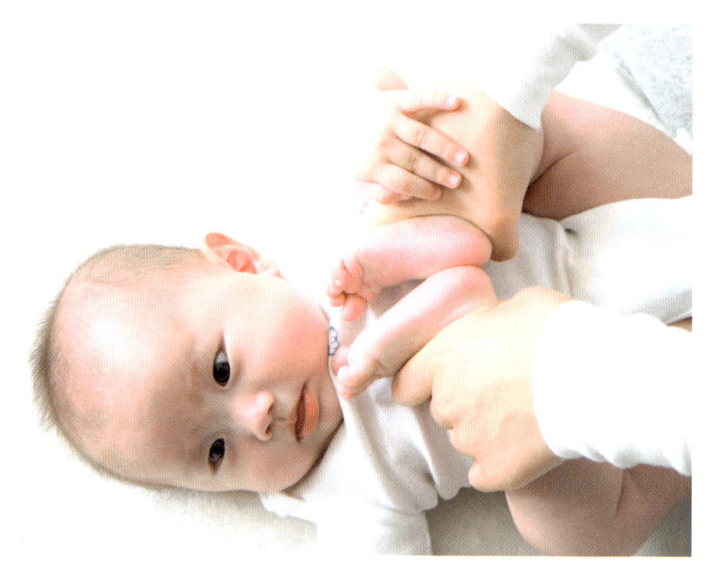

01 02

03

가슴까지 무릎 구부리기

무릎이 튼튼해져요!

1 아기를 바닥에 눕히고 엄마의 두 손으로 아기의 양 발목을 가볍게 감싸 쥔다.

2 아기 무릎을 모아 구부리면서 가슴에 닿을 정도로 살짝 눌러준다.

3 엄마는 누르던 손의 힘을 뺐다가 다시 힘주어 누르기를 여러 번 반복한다.

자전거 타기

발목이 유연해져요!

1 아기를 바닥에 눕히고 엄마의 두 손으로 아기의 양 발목을 가볍게 감싸 쥔다.

2 아기가 자전거를 타듯이 엄마 손을 교대로 움직여준다.

3 아기의 상태를 살피면서 움직이는 속도에 변화를 준다.

 동작 3

연꽃 만들기

각선미가 예뻐져요!

1 엄마의 왼손으로 아기의 오른쪽 허벅지를 잡고, 오른손으로는 아기의 오른쪽 발목의 바깥쪽 복사뼈를 감싸 쥔다.

2 ①의 아기 다리를 아기의 배꼽까지 닿도록 지그시 눌러준다.

3 엄마의 오른손으로 아기의 왼쪽 허벅지를 잡고, 왼손으로는 아기의 왼쪽 발목의 바깥쪽 복사뼈를 감싸 쥔다.

4 ③의 아기 다리를 아기의 배꼽까지 닿도록 지그시 눌러준다.

버터 플라이

엉덩이가 예뻐져요!

1 엄마의 양손으로 아기의 양 발목을 살짝 감싸 쥔다.

2 아기의 발바닥이 서로 마주 닿도록 무릎을 구부리면서 배꼽에 닿을 정도로 눌러준다.

3 구부렸던 아기 다리를 ①의 상태로 펴주었다가 다시 ②처럼 눌러주기를 반복한다.

 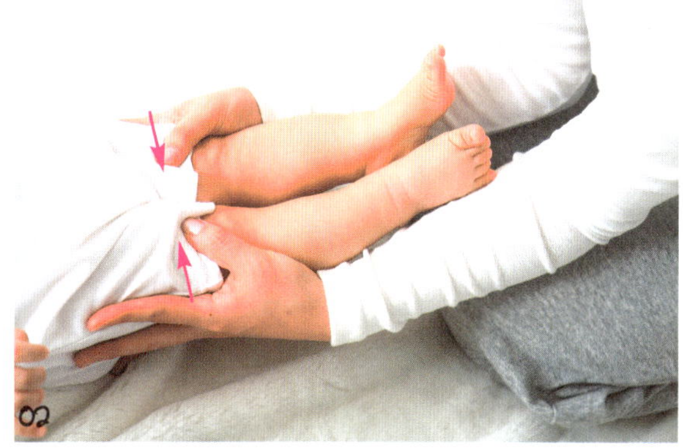

 동작 5

고관절 모아주기

다리가 곧고 길어져요!

1 아기를 똑바로 눕히고 엄마의 양 손바닥을 아기의 바깥쪽 엉덩이와 허벅지 위에 올려놓는다.

2 ①의 상태에서 엄마의 양 손바닥에 힘을 주어 5~10초 동안 꾸욱 눌렀다가 서서히 손을 떼어준다.

3 엄마의 양손으로 아기의 양 발목을 잡고 엄마 쪽으로 살짝 끌어당기며 엄마 얼굴이 아기 얼굴과 가까워지도록 상체를 숙여준다.

4 ①~③의 과정을 2~3회 반복한다.

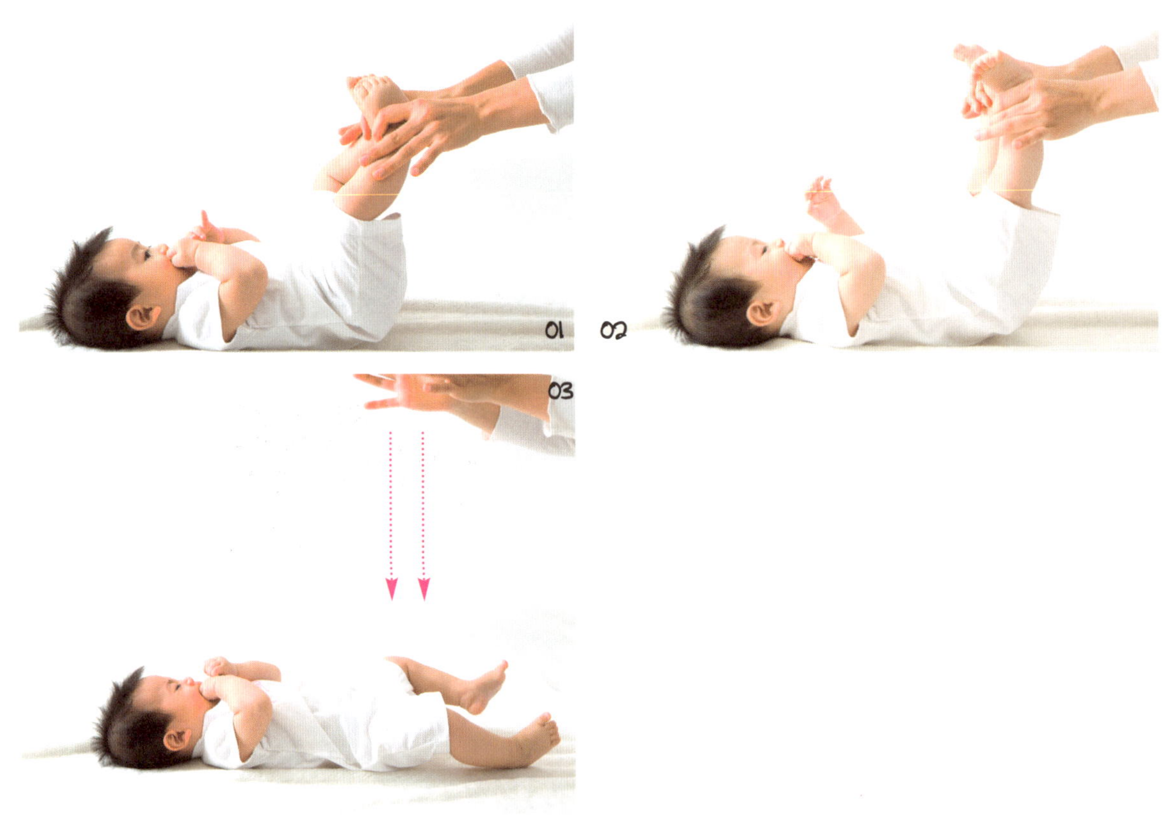

동작 6 다리 쭉 펴고 떨어뜨리기

다리의 긴장을 풀어줘요!

1. 아기를 똑바로 눕히고 엄마의 양손으로 아기의 발목을 잡는다.

2. ①의 상태에서 엄마의 양손으로 아기 다리를 쭉 펴는 느낌으로 살짝 들어준다. 이때 엉덩이는 바닥에서 떨어지지 않게 한다.

3. 아기 다리가 다 펴진 느낌이 들면 발목을 잡은 엄마의 손을 동시에 놓는다. 이때 아기는 스트레칭과 동시에 긴장이 풀리는 것을 경험할 수 있다.

4. 아기가 즐거워하면 여러 번 반복해준다.

Check Point

아기의 뼈와 근육은 어른에 비해 유연하고 약하기 때문에 부드럽고 조심스럽게 다뤄야
한다. 아기가 동작을 제대로 해내지 못하더라도 억지로 강요해서는 안 된다.

동작 1~동작 6을 모두 마치는 데는 5~10분 정도 걸린다. 어떤 아기들은 이 과정을 마치고 나면 기분 좋은 피
로감을 느끼기도 하고, 또 어떤 아기들은 계속 하기를 바란다. 따라서 아기의 상태에 따라 다음 과정의 진행 여
부를 결정하는 것이 바람직하다. 어느 과정에서 마무리하든 한 과정을 마친 후에는 반드시 긴장을 풀어주어야
한다. 즐겁고 경쾌한 음악을 틀어주면 한결 좋다.

척추가 튼튼해지는 요가

아기의 척추에 기분 좋은 자극을 주어 허리와

등 부위의 뼈와 근육이 튼튼해지도록 한다.

아기와 함께 호흡하면서 지속적으로 눈을 맞추면 더욱 효과적이다.

진행하는 도중 신나는 음악을 틀어주거나 노래를 불러주면

아기가 보다 즐겁게 집중할 수 있다.

척추 트위스트

허리가 튼튼해져요!

1 아기를 바로 눕힌 상태에서 엄마의 양손으로 아기의 발목을 감싸 잡는다.

2 아기의 다리를 들어올리고 엄마의 오른손으로 아기의 두 발목을 한
꺼번에 감싸 쥔다.

3 엄마의 오른손으로 아기 발목을 감싸 쥔 채 아기 다리를
오른쪽 바닥에 닿을 정도로 끌어내리고, 엄마의 왼손으
로 아기의 오른쪽 어깨가 바닥에서 떨어지지 않도록
눌러준다. 이때 아기의 무릎이 일직선으로 펴지게
한다.

4 아기 발목을 감싸 쥔 엄마의 오른손을 다시 원
위치로 끌어올리고 아기 어깨를 누르던 왼손과
함께 놓아준다.

5 엄마의 손을 바꿔서 아기 다리가 왼쪽 바닥으로
넘어가도록 ①~④와 같은 방식으로 반복한다.

01

point! 아기 다리를 옆쪽으로 돌릴 때 아기의 등뼈가 바닥에서 떨어지지 않도록 한다. 엄마는 이 동작을 한
뒤 스트레칭을 하면서 짧은 휴식 시간을 갖는다.

02 03

04

대각선 스트레칭!

팔다리가 길어져요!

1 아기를 바로 눕히고 엄마는 상체를 구부려 아기와 눈을 맞춘다.

2 엄마의 오른손으로 아기의 왼쪽 발목을 잡고, 엄마의 왼손으로 아기의 오른쪽 손목을 감싸 잡는다.

3 ②의 상태에서 대각선 방향으로 아기의 팔과 다리를 살짝 늘려준다.

4 엄마의 왼손으로 아기의 오른쪽 발목을 잡고, 엄마의 오른손으로 아기의 왼쪽 손목을 감싸 잡는다.

5 ④의 상태에서 대각선 방향으로 아기의 팔과 다리를 살짝 늘려준다.

point! 이 동작을 하는 동안 아기가 항상 정면을 바라보도록 엄마는 재미있는 표정이나 구령으로 시선을 붙잡아야 한다.

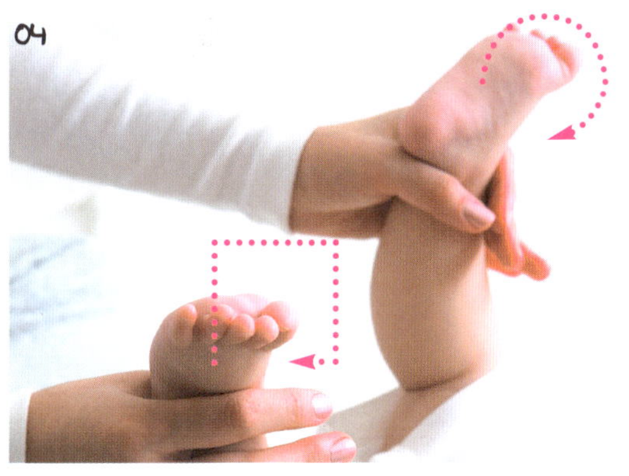

 동작 3

브레인 짐

좌뇌와 우뇌가 발달해요!

1 아기를 바로 눕히고 엄마의 양손으로 아기의 양손을 각각 감싸 잡는다.

2 먼저 아기의 왼손을 잡은 엄마의 오른손으로 동그라미를 3~4회 그려준 후,
아기의 오른손을 잡은 엄마의 왼손으로 네모를 3~4회 그려준다.

3 엄마의 오른손과 왼손으로 동시에 동그라미와 네모를 3~4회 그려준다.

4 다리도 ①~③과 같은 방식으로 동그라미와 네모를 그려준다.

point! 처음부터 한번에 이 동작을 하기는 힘들다. 이 동작이 부드럽게 진행되기
위해서는 여러 차례 연습이 필요하다.

어깨 세우기

머리가 맑아져요!

1 아기를 바로 눕힌 다음 엄마의 양손으로 아기의 두 발목을 각각 잡고 위로 들어올린다.

2 아기의 엉덩이, 허리, 등까지 들어올린다. 이때 아기의 뒷통수와 양 어깨가 바닥에서 떨어지지 않게 하고, 등과 다리가 일직선이 되도록 펴준다.

3 다시 아기의 등, 허리, 엉덩이 순으로 바닥에 닿도록 천천히 내려놓는다.

4 엉덩이가 바닥에 닿은 것을 확인한 뒤 아기의 두 발목을 잡은 엄마의 양손을 동시에 놓는다.

point! 엉덩이가 바닥에 닿은 것을 반드시 확인하고 나서 두 발목을 놓아야 한다.

미니 코브라

등과 어깨의 긴장을 풀어줘요!

1 아기를 바닥에 엎어놓고 엄마의 두 손을 아기의 양 겨드랑이 사
  이로 집어넣어 양 엄지손가락으로 등을, 다른 네 손가락으로 가슴
  을 감싸 잡는다.

2 엄마의 양 엄지손가락으로 등을 살짝 누르면서 다른 네 손가락에
  힘을 주어 지렛대를 이용할 때처럼 아기의 가슴을 들어올린다.

3 이때 아기 얼굴이 정면을 바라볼 수 있도록 잠시 멈추어준다.

4 엄마 손에 힘을 풀면서 아기 가슴이 바닥에 닿도록 천천
  히 내려준다.

5 ①~④의 과정을 2~3회 반복한다.

point! 엄마의 양손을 아기의 겨드랑이에서 빼기 전, 아기의 가슴이 바닥에 닿은 것을 반드시 확인해야 한다.

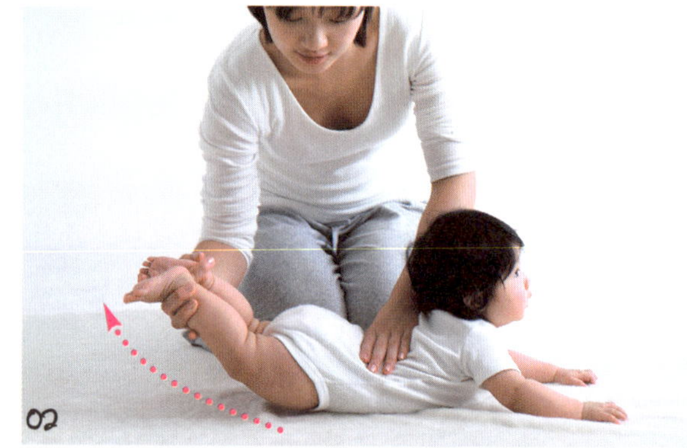

 동작 6

미니 메뚜기

등과 허리의 긴장을 풀어줘요!

1 아기를 바닥에 옆으로 길게 엎어놓고 엄마의 오른손으로 아기의 양 발목을 한꺼번에 감싸 쥔다.

2 엄마의 왼손을 아기의 등허리에 올려놓고 살짝 눌러주면서 엄마의 오른손을 아기의 양 발목을 잡은 채 천천히 위로 들어올린다.

3 엄마는 양손에 힘을 풀면서 아기 다리를 바닥에 천천히 내려놓는다.

4 ①~③의 과정을 2~3회 반복한다.

point! 아기마다 유연성에 차이가 있으므로 다리를 들어올릴 때는 배꼽이 바닥에서 떨어지지 않을 정도로만 들어올려야 한다.

Check Point

앞의 동작들을 한 후에는 아기를 바로 눕힌 자세에서 무릎을 구부려 가슴에
닿게 한 다음 몸통을 좌우로 가볍게 흔들어 척추의 긴장을 풀어준다.
엄마도 앞의 여러 가지 동작들을 혼자 해보면서 아기가 어떤 느낌인지 체험
해보도록 한다.

팔과 어깨가 튼튼해지는 요가

아기의 움츠러들었던 가슴을 펴주고
폐활량을 늘려줄 뿐 아니라
엄마와의 친밀감을 높여주는 동작이다.
특히 팔을 들어올리면서 하는 동작들은 등 근육을 강화하는 효과가
있으며, 이 동작을 할 때는 아기가 스스로 일어나고
앉을 수 있도록 이끌어주어야 한다.

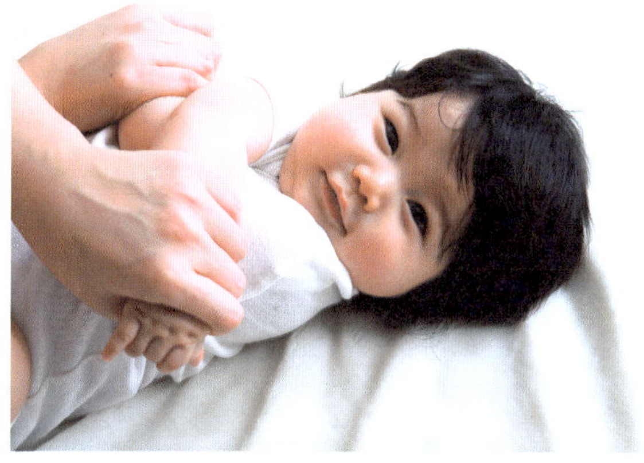

가슴 펴기!

감기를 예방해요!

1 아기를 바로 눕히고 엄마의 양손으로 아기의 두 손을 가슴으로 모아 팔목을 감싸 쥔다.

2 ①의 상태에서 아기의 두 손을 천천히 벌렸다가 다시 천천히 모아준다. 모아줄 때는 아기 가슴이
가운데로 모아지도록 팔을 교차시킨다.

3 ①~②의 과정을 5~6회 반복한다.

point! 엄마는 아기의 손을 가슴으로 모을 때 숨을 크게 내쉬고, 아기의 손을 벌릴 때는 숨을 크게 들이마셔
야 한다. 이때 엄마의 호흡을 아기가 느낄 수 있도록 숨소리를 오버하듯이 크게 낸다.

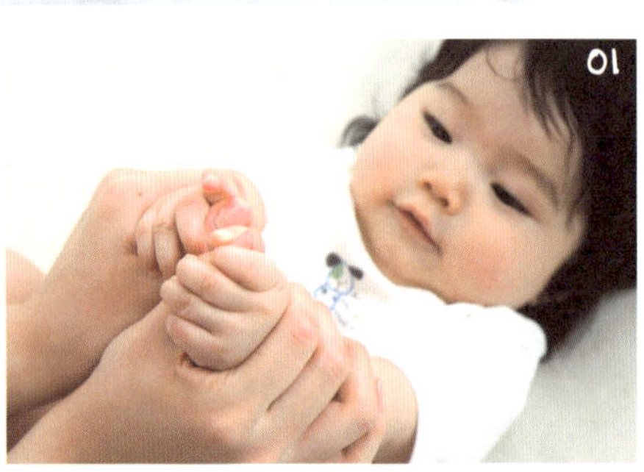

스스로 일어서기

온몸이 골고루 튼튼해져요!

1 아기를 바로 눕히고 엄마의 양 손바닥으로 아기의 손등을 감싸면서 아기가 엄마의 엄지손가락을 꼭 쥐게 한다.

2 엄마가 아기의 상체를 들어올리는 느낌으로 양손에 약간의 힘을 주면, 아기는 스스로 상체를 일으켜 세운다. 이때 엄마는 버팀목 역할만 해주고 아기가 스스로 일어날 수 있도록 기다려준다.

3 아기가 등을 똑바로 세우고 앉은 자세를 취하면 엄마는 아기를 일으켜 세우는 느낌으로 양손에 약간의 힘을 준다. 이때 엄마는 아기가 스스로 발목에 힘을 주고 무릎을 펴 똑바로 설 때까지 버팀목 역할만 하면서 기다린다.

point! 이 동작을 할 때는 아기가 엄마 손에 의식적으로 매달리도록 하여 스스로 몸을 들어올리도록 유도해야 한다. 따라서 엄마는 아기의 양손을 붙잡을 때 최소한의 지지만 해주어 아기 스스로 몸의 힘을 조절하면서 즐거움을 느낄 수 있도록 도와줘야 한다.

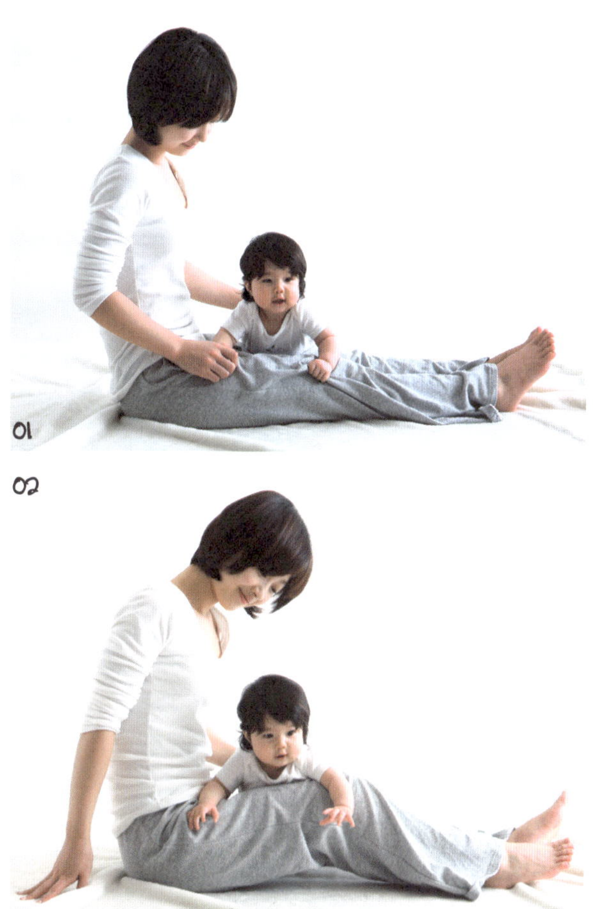

동작 3

헤엄치기

심폐 기능이 좋아져요!

1 엄마는 두 다리를 쭉 펴고 앉은 다음 아기를 허벅지 위에 가로로 길게 눕힌다.
 이때 아기 머리는 엄마의 허벅지 바깥으로 나오게 하고, 아기의 양팔은 만세를
 부르는 자세를 취하게 한다.

2 ①의 상태에서 엄마는 좌우 무릎을 번갈아 구부려주면서 아기가 그 반동으로
 엄마의 허벅지 위에서 헤엄치듯 양팔을 허우적거릴 수 있게 유도한다.

3 아기가 엎드린 방향을 바꿔서 ①~②의 과정을 반복해준다.

point! 아기가 엄마의 허벅지 위에서 중심을 잡고 버틸 수 있도록 엄마는 아기의 반
 응을 살피며 다리의 움직임을 조절한다.

균형감 키우는 요가

아기가 자라 뼈와 근육이 좀 더 단단해지면 아기와
요가를 하기가 한결 편해진다.
이때는 아기를 엄마 품에만 두지 말고
아기 스스로 엄마에게 매달릴 수 있도록
균형 잡는 동작들을 시도해본다.
다음의 동작들은 등과 다리 근육을 강화해 아기가 혼자 앉고,
기고, 일어설 수 있도록 균형감각을 키워준다.
균형감각은 다른 신체기관과 조화를 이루고
뼈와 근육이 지속적으로 성장하는 데 꼭 필요한 요소다.

시소 동작

기본 균형감각을 익혀요!

1 엄마는 무릎을 약간 세우고 앉아 아기를 허벅지 위에 바로 눕힌다.

2 엄마는 발가락을 살짝 세워 다리를 조금 뻗었다가 원위치로 구부리기를 반복한다. 다리를 뻗을 때는 아기 얼굴과 멀어지고, 구부릴 때는 가까워지게 한다.

3 ②를 여러 번 반복한다.

point! 아기가 허벅지 위에서 중심을 잃지 않도록 엄마는 계속 주시하면서 아기의 반응을 살펴야 한다.

구름 타기

신체를 조절하는 힘을 길러줘요

1 엄마는 무릎을 꿇고 앉아 오른손을 먼저 아기 가랑이 사이에 넣고 엄지손가락이 앞으로 오고, 나머지 네 손가락이 엉덩이를 받치도록 감싸준다.

2 엄마는 왼팔로 아기의 등을 감싸면서 왼손이 아기의 왼쪽 어깨를 받치도록 둘러준다.

3 엄마는 엉덩이를 들어올리며 양손에 힘을 주어 아기를 바닥에서 천장 쪽으로 들어올린다.

4 엄마는 다시 무릎을 꿇으면서 아기도 제자리로 내린다.

5 ③~④의 과정을 3~4회 반복한다.

point! 엄마는 아기를 들어올렸다 내릴 때 반응을 살피면서 높이를 조절해주어야 한다. 이 동작은 엄마가 양손을 받치고 있어 매우 안전한 동작이므로 자신 있게 들어올리는 것이 더욱 효과적이다.

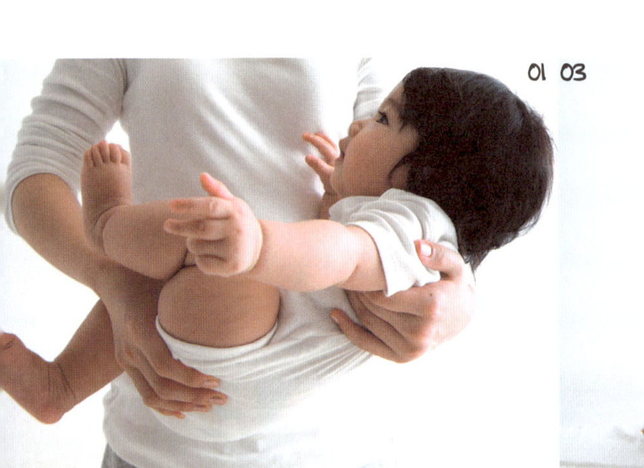

왔다갔다 그네 타기

동작 3

상하좌우 방향감을 느낄 수 있어요!

1 엄마는 두 다리를 벌리고 서서 한 팔로 아기의 가슴과 옆구리를 두르고, 다른 팔로는 아기의 엉덩이를 받쳐 중심을 잡는다. 이때 아기의 등은 엄마의 복부와 밀착시킨다.

2 엄마는 허리를 숙이면서 아기의 몸도 같이 내려준다.

3 엄마와 아기 모두 정면을 바라보면서 아기가 그네를 타듯 엄마의 팔을 좌우로 흔들어준다.

point! 아기의 반응을 살피며 흔들기의 강약을 조절하고, 작게 시작해 점차 크게 흔들어주어야 한다.

동작 4

떴다떴다 비행기!

높낮이에 대한 감각을 키워줘요!

1 엄마는 엉덩이를 바닥에 대지 말고 쪼그려 앉아 양손을 아기의 겨드랑이 사이에 끼고 아기의 양 발바닥이 바닥에 닿도록 세운다.

2 엄마의 양 엄지손가락을 서로 맞대고 나머지 손가락으로 아기의 옆구리를 감싸 잡는다.

3 엄마는 일어서면서 아기를 잡은 양손을 머리 위로 번쩍 들어올린다. 이때 아기와 눈을 마주친다.

4 다시 ①로 천천히 돌아가 ②~③의 과정을 한 번 더 반복한다.

point! 엄마는 팔꿈치를 쫙 펴 아기를 들어올릴 때 아기가 엄마의 머리 뒤로 넘어가지 않도록 양팔의 힘을 조절해야 한다. 이 동작은 아빠가 해주면 더 효과적이다.

균형감을 키우는 동작을 할 때는 아기가 계속 즐기고 싶어하더라도 횟수를
적당히 제한하는 것이 바람직하다.

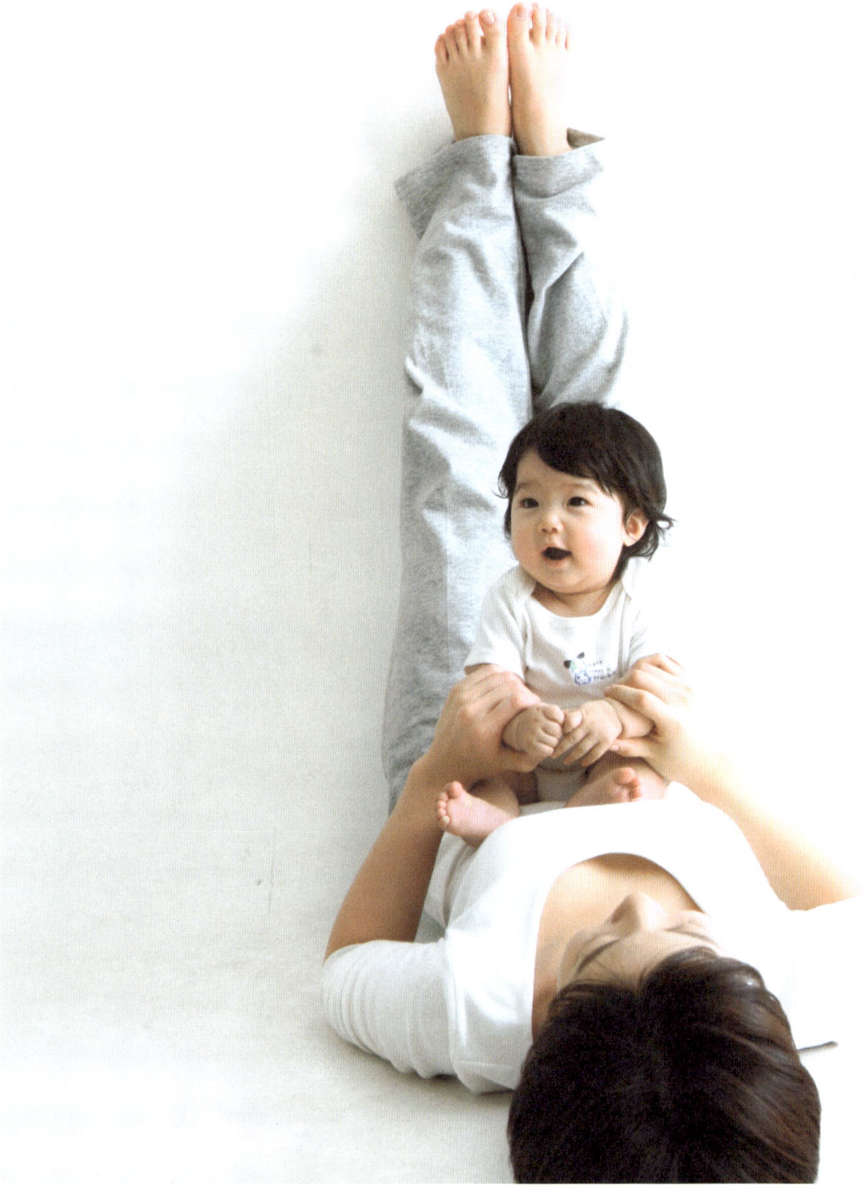

긴장을 풀어주는 요가

동작이 다이내믹해지고 강도가 세질수록 마무리 단계에서
긴장을 풀어주는 방법도 점점 어려워진다.
그렇다고 대충 넘어가서는 안 된다.
활동과 휴식이 적절한 조화를 이뤄야
몸에 무리가 가지 않기 때문이다.
더구나 베이비 요가 동작들은 정적인 요소가
부족하기 때문에 마무리할 때 반드시 긴장을 풀고
휴식을 취하는 시간이 필요하다.
따라서 각 동작을 마무리할 때는
꼭 '걸어가며 긴장 풀기' 같은
간단한 방법을 활용해서 아기가 긴장을
풀 수 있도록 도와주어야 한다.

걸어가며 긴장 풀기

아기의 온몸이 편안해져요!

1 엄마는 가슴이 서로 맞닿도록 아기를 품어 가장 편안한 자세로 감싸 안는다.

2 엄마는 천천히 일정한 보폭과 속도로 걸으면서 숨을 차츰 더 길게 들이쉬고 내쉰다.

point! 아기가 몸을 움직이고 싶어 해도 부드럽게 껴안고 계속 걸어야 한다. 그리고 아기의 호흡이 깊어지고 온몸이 편안해질 때까지 규칙적인 보폭과 속도로 걸으면서 나지막한 목소리로 사랑의 메시지를 전한다. 또 차츰 아기와 호흡을 맞추면서 마음으로 대화를 나누도록 한다.

노래 부르기

엄마의 스트레스를 날려줘요!

1 아기 가슴을 엄마의 왼쪽 어깨에 기대게 하고 엄마의 왼손으로 아기의 엉덩이를 받친다.

2 엄마는 오른손으로 아기의 등을 토닥토닥 두드리며 부드러운 목소리로 노래를 불러준다.

point! 아기가 지나치게 흥분해 이해하기 어려운 행동을 하거나 동작을 멈추지 않을 경우 엄마는 스트레스를 받을 수 있다. 엄마의 어떤 노력이나 도움도 효과가 없어서 엄마의 스트레스가 더욱 고조될 때는 '노래 부르기'를 시도해보자. 아기를 안고 있는 동안 엄마 마음을 가라앉게 해준다면 어떤 노래든 상관없다.
엄마의 팔과 손을 반복적으로 움직여 아기의 등을 토닥여주다 보면 아기의 몸과 마음이 편안해지는 것을 느낄 수 있을 것이다. 이러한 과정은 엄마는 물론 아기의 긴장까지도 쉽게 누그러뜨리는 효과가 있다.

01

02

03

시체 자세로 긴장 풀기

몸과 마음이 편해져요!

1 엄마는 바닥에 누워 팔과 다리를 쭉 편 다음 턱을 가슴 쪽으로 살짝 당겨 어깨와 손목, 무릎, 발목의 긴장까지 모두 풀어준다.

2 아기를 엄마 몸 위에 엎드리게 한다. 이때 아기의 가슴이 엄마의 가슴과 맞닿게 한다.

3 아기와 엄마의 호흡이 일치되도록 천천히, 깊게 숨을 쉰다.

point! 시체 자세는 긴장을 풀어주는 효과가 뛰어나 요가의 마무리 동작으로 가장 좋다. 베이비 요가를 갑자기 중단해야 하는 경우가 생기더라도 긴장을 푸는 시간을 충분히 가지면 엄마와 아기 모두 요가의 효과를 확실히 볼 수 있다. 따라서 평소 긴장이 쌓이지 않도록 아기와 함께 틈틈이 누워 있는 시간을 갖도록 한다.

월령별 신체 발달 특징과 베이비 요가 활용법

❋ 신생아
- 젖을 먹는 시간 이외에는 거의 잠을 잔다.
- 외부의 자극에 본능적인 반사반응을 나타내고 점차 시간이 지나면서 원시적인 반사반응은 사라지게 된다.

❋ 생후 1개월
- 엎어두면 머리를 잠시 들어올린다.
- 양쪽 손과 발을 똑같이 잘 움직인다.
- 부모의 목소리를 인식하여 반응하고 시선이 따라오며 눈을 맞춘다.

❋ 생후 2개월
- 머리보다 가슴둘레가 더 빨리 자란다.
- 몸에 힘이 생기기는 하지만 아직 목을 제대로 가누지는 못한다.
- 점점 깨어 있는 시간이 길어지고 엎드린 상태에서 머리를 45도 정도 들어올릴 수 있다.

❋ 생후 3개월
- 움직이는 물체를 향해 손을 휘젓기도 한다.
- 바닥에 세워주면 발로 힘차게 밀어젖힌다.
- 엎어놓으면 머리와 가슴을 들어올리려 한다.
- 발로 차는 힘이 강해진다.

❋ 생후 4개월
- 엎드린 상태에서 머리를 번쩍 들어올릴 수 있다.
- 팔에 힘이 좋아져 팔을 지탱해 고개를 들어올리려고 시도한다.
- 원하는 장난감으로 보고 손을 뻗어 잡으려 한다.

1~4개월 아기에게 좋은 요가 동작

구르기
목을 어느 정도 가눌 수 있을 때가 되면 아기의 전신을 뒤집으면서 좌우로 구르기를 시켜준다.

팔다리 털기
누워 있는 상태에서 팔과 다리를 들어 손목 · 발목을 잡고 가볍게 털며 흔들어준다.

무릎 구부리기
아기의 두 다리를 잡고 무릎을 구부려 배까지 닿도록 눌러준다.

안아 흔들기
한손은 아기의 뒷목을 받치고, 다른 손은 엉덩이에 대어 안아들고 전후좌우로 천천히 움직여준다.

❋ **생후 5개월**

● 한 쪽 방향으로 뒤집는다.
● 엎어놓으면 팔을 사용해 가슴을 들어올린다
● 딸랑이 같은 것을 손가락 끝이나 안쪽으로 잡는다.
● 관심을 끄는 물건이 있으면 배밀이를 하며 다가간다.

❋ **생후 6개월**

● 어느 쪽으로도 뒤집을 수 있다.
● 복부와 등 근육이 강해져 앉아 있는 동안 균형을 유지한다.
● 엎드린 상태에서 발로 밀어젖히며 앞으로 전진할 수 있다.
● 앉아 있을 때 마치 갈퀴질하듯 팔을 내밀었다 당겼다 하는 동작을
  한다.

❋ **생후 7개월**

● 기어다니는 것에 익숙해진다.
● 혼자 앉은 채로 엄마가 부르면 몸을 돌리기도 한다.
● 다리에 힘이 강해지기 시작하여 발로 뭐든지 밀어내려고 한다.
● 소근육이 발달하면서 작은 것을 잡으려 한다.

❋ **생후 8개월**

● 똑바로 세우면 다리에 힘을 준다.
● 앉혀주지 않아도 엎드린 상태에서 앉은 자세로 옮긴다.
● 엎드린 상태로 앞과 뒤로 기어다닐 수 있다.
● 손에 쥐고 있는 작은 물건을 다른 손으로 옮긴다.

발로 손바닥 차기

누운 아기의 발을 엄마의 손바닥으로 잡아 살짝 밀어주면 아기는 다리에 힘을 주면서 차올리는 동작을 반복한다.

손에 힘을 주고 일어나기

엄마의 손을 꼭 쥐게 하고 위로 끌어당기면 아기의 상체가 달려 올라오면서 허리를 세울 수 있게 된다. 눕히고, 다시 이를 반복한다.

엎드려 상체 들기(코브라 자세)

바닥에 엎드려서 팔로 바닥을 지지하고 상체를 들어올린다. 이때 눈은 위를 볼 수 있도록 시선을 끌어준다.

바르게 누워 발을 얼굴에 대기

바르게 눕혀 아기의 두 발목을 잡는다. 엉덩이가 살짝 들릴 정도로 다리를 들어올려 아기 발이 얼굴에 닿도록 한다.

❋ 생후 9～10개월

- 사람이나 사물 무언가에 지탱하여 혼자 일어설 수 있다.
- 기어다닐 때 배를 떼고 무릎만을 사용하기도 한다.
- 손의 동작이 섬세하고 손가락의 운동기능이 발달하여 손가락 끝 부분으로 물건을 잡는다.
- 빠른 아기들은 엄마가 손을 잡아주면 한 걸음씩 걷기도 한다.

❋ 생후 11～12개월

- 엎드린 상태에서 옮겨 앉을 수 있다.
- 자신이 원하는 것을 발견하면 가구를 잡고 걸어갈 수 있다.
- 손뼉을 치고 엄마의 행동을 보고 흉내낼 수 있다.
- 아슬아슬하게 스스로 서 있다가 마침내 한 발을 떼는 순간이 온다.

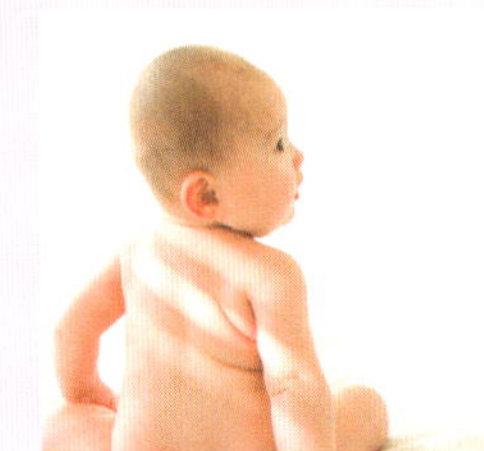
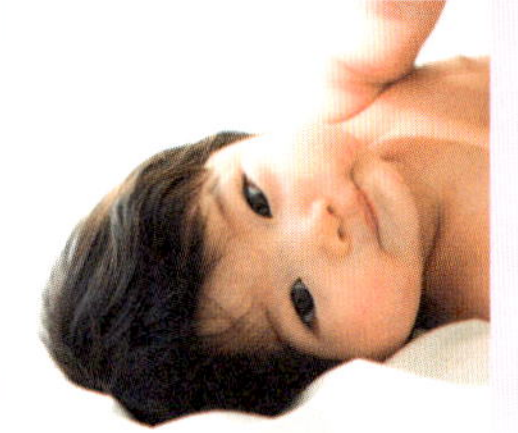
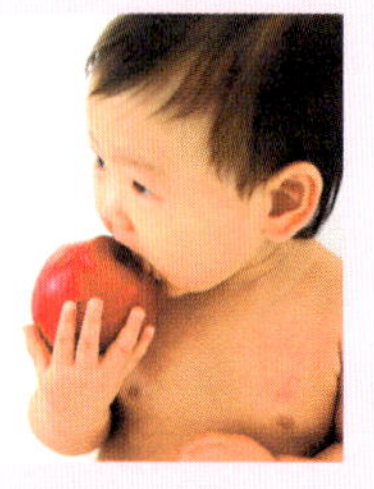

9～12개월 아기에게 좋은 요가 동작

비행기 타기

엄마의 손으로 아기의 겨드랑이와 가슴을 단단히 받치고 엄마의 팔꿈치를 펴 아기를 들어올린다.

시소 타기

아기를 엄마의 무릎 위에 눕히고 엄마의 두 무릎을 올려다 내렸다 반복하면서 시소를 태워준다.

어깨 세우기

아기를 눕히고 엄마의 손으로 아기의 발목을 꼭 잡고 엉덩이, 허리, 등까지 들어올렸다가 천천히 내려놓는다.

물구나무서기

아기를 바닥에 바르게 눕히고 아기의 발목을 손바닥으로 넓게 잡는다. 이때 아기의 시선이 엄마와 마주치게 하면서 아기의 다리, 엉덩이, 허리, 등을 들어올린 후 마침내 머리가 바닥에서 살짝 들리도록 한다. 잠시 동안 멈춘 뒤 다시 올라왔던 순서로 바닥에 안전하게 내려놓는다.

기저귀 체조(내피 체인지 체조)

매일 여러 번 기저귀를 갈아 채우면서 아기는 저절로 척추운동과 다리운동을 하게 된다. 젖은 기저귀를 새 기저귀로 갈 때 아기의 고관절과 무릎관절을 자극하기 때문에 자연스럽게 운동 효과가 생기는 것이다. 아기의 성장을 돕고 기분을 상쾌하게 해주는 내피 체인지 체조를 배워보자!

1 아기를 바닥에 똑바로 눕힌다.

2 아기의 양 발바닥을 박수치듯 맞부딪힌다.

3 무릎을 구부려 배꼽을 눌러준다.

4 다리를 하늘로 들어올려 엉덩이가 바닥에서 살짝 들려올라가도록 한다.

5 다리를 하늘로 뻗어 발목을 흔들어준다.

6 발목을 흔들다가 '툭' 하며 떨어뜨린다.

7 고관절을 모으며 허벅지에서 발가락 쪽으로 쭈욱~ 펴준다.

맘 & 베이비 요가

요가는 아기뿐 아니라 출산으로 자세와 몸매가 망가진 엄마에게도 아주 좋은 운동이다. 하지만 아기를 돌보느라 시간적·정신적인 여유가 없는 산모들이 실행하기가 쉽지 않다. 이럴 때는 엄마와 아기가 함께 참여하는 맘 & 베이비 요가가 제격이다. 맘 & 베이비 요가는 시간이나 장소에 크게 구애받지 않고 간편하게 할 수 있어 두 사람 모두에게 충분한 만족감을 안겨준다. 또한 엄마와 아기가 서로 도움을 주어야 하는 동작들이므로 보다 친밀하고 건강한 관계를 만들어갈 수 있다.

맘 & 베이비 요가, 이런 점이 좋아요

여성은 임신과 출산으로 인해 정신적·신체적으로 많은 변화를 겪는다. 체중 증가와 육아부담으로 산후우울증에 시달리기도 하고, 허리통증을 호소하는 경우도 많다. 맘 & 베이비 요가는 엄마들의 이 같은 고민을 해결, 건강하고 매력적인 여성으로 되돌려주는 최고의 방법이다.

◎ 몸과 마음으로 얼마든지 대화를 할 수 있어요

말도 못하고, 성격이나 취향도 종잡을 수 없는 아기와 대화하는 방식을 처음부터 배워 나가려면 많은 어려움이 따르지만 맘 & 베이비 요가를 하다보면 이를 자연스럽게 익힐 수 있다. 엄마와 아기가 함께 요가를 하는 것은 신체적인 상호작용을 통해 비언어적 대화를 나누는 것이나 다름없기 때문이다.

아기는 엄마와 함께 동작과 리듬을 익히고 스킨십을 나누는 경험을 반복하면서 색다른 즐거움과 행복감을 느낄 뿐 아니라 엄마를 더욱 깊이 신뢰하게 된다. 또한 엄마도 아기와 함께 스트레칭을 하고 긴장을 푸는 과정을 놀이처럼 신나게 즐기다보면 아기의 다양한 몸짓과 표정, 소리 등을 통해 현재의 감정상태와 표현하고자 하는 욕구가 무엇인지 알 수 있게 된다.

◎ 산후우울증과 몸매 관리에 좋아요

아기를 낳은 엄마가 임신 전 몸매로 돌아가려면 장기적인 계획을 세워야 한다. 엄마의 자궁은 자그마치 열 달 동안 아기를 품고 길러왔기 때문에 단기간에는 절대 목표치만큼 살을 뺄 수 없다. 엄마는 식이요법과 운동을 꾸준히 병행해야만 이전의 몸매를 되찾을 수 있음을 명심해야 한다.

그러나 육아를 대신해줄 사람도 없고, 아기가 어려서 잠시도 눈을 뗄 수 없는 형편이라면 운동할 엄두가 나지 않는 것이 사실이다. 이러한 엄마들은 급격한 체중 증가에 육아부담과 가사노동까지 겹치면서 스트레스가 쌓여 산후우울증까지 겪게 된다. 따라서 엄마의 보호 아래 아기와 함께 할 수 있는 맘 & 베이비 요가는 스트레스 해소와 체중 감량이 절실한 산후 엄마들에게 더할 나위 없이 좋은 운동이다.

ⓒ 늘어난 골반 근육을 제자리로~

임신해서 분만할 때까지 복부와 골반 근육이 많이 늘어나는데 출산 후에도 이러한 상태가
한동안 지속된다. 따라서 아이를 낳은 후 가벼운 운동을 꾸준히 해주면 늘어난 복벽과 골
반 근육이 빨리 제자리로 돌아가도록 도와준다.

ⓒ 출산 후 허리통증을 완화시켜줘요

임신 중에는 '릴렉신(Relaxin)'이라는 호르몬이 분비되는데 릴렉신은 출산할 때 골반이
충분히 벌어질 수 있도록 인대조직을 이완하는 역할을 한다. 그러나 이 호르몬은 골반 주
위의 관절에만 선택적으로 작용하는 게 아니라 전신의 모든 관절에 영향을 미친다. 그래
서 임신 후 릴렉신이 분비되기 시작하면 골반을 비롯한 뼈마디 사이가 벌어지고 인대도
함께 이완되면서 통증이 생길 수 있다. 산후에 베이비 요가 중에서 엄마가 할 수 있는 강
도의 허리를 강화하는 동작과 골반을 수축시키는 동작을 반복해주면 통증 완화에 도움이
된다.

임신 중 튼살 관리법

임신 중 튼살은 배가 급격히 부르기 시작하는 임신 6~7개월경에 주로 나타난다. 배 · 가슴 · 엉덩
이 · 허벅지 등 피부가 약하고 여린 부위에 잘 생긴다. 신체 부위마다 살이 트는 증상이 다르게 나
타나기도 하는데, 배에는 복벽이 분리되면서 배꼽 중심에서부터 자줏빛 선이 보이게 된다. 가슴의
경우는 유두나 유륜 방향으로 줄무늬가, 엉덩이와 허벅지 등에는 수직 방향의 튼살이 각각 나타나
기도 한다.

처음에 살이 트면 가려움증과 함께 피부에 띠를 두른 것처럼 붉은 선이 나타나는데, 이는 피부의 탄력
섬유가 소실되어 생기는 것이다. 그러다 출산을 하고 나면 튼살이 피부 표면에 남게 되는데, 이때 생긴
튼살 자국은 임신 전 피부로 완전히 회복되지 않는 특징이 있다. 그러나 튼살이 생기기 시작하는 임신
중기부터 꾸준히 복부와 옆구리 스트레칭을 하고 피부가 건조해지지 않도록 복부 마사지를 하면 깨끗
하고 매끄러운 피부를 유지할 수 있게 된다. 무엇보다 튼살은 조기에 예방하는 것이 중요하다.

맘 & 베이비 요가 궁금증 Q&A

아무리 좋은 요가 동작이라도 내 몸에 맞아야 제대로 효과를 볼 수 있다.
출산 후 언제부터 요가를 시작하는 것이 좋은지, 산모들의 어깨 통증을 완화시키는
요가 동작은 무엇인지 궁금증을 풀어보았다.

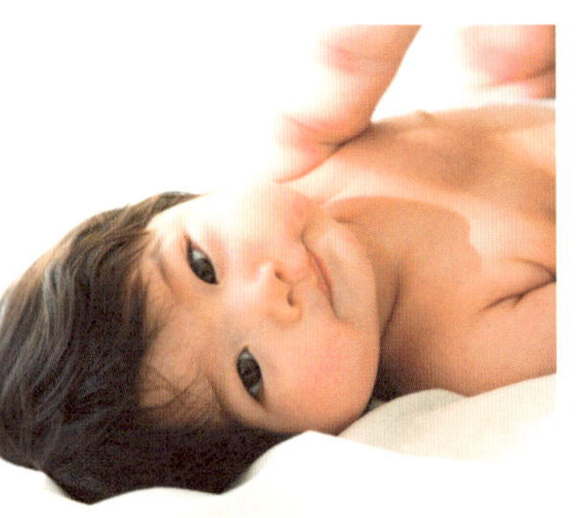

Q 평소에 운동을 하지 않았는데 출산 후에 갑자기 운동을 시작해도 될까요?

A 쉬운 운동으로 1주일에 두세 번 정도만 하면 됩니다. 또 한 번에 1시간을 넘지 않도록 해야 합니다. 가벼운 산책이나 베이비 요가 같은 유산소 운동 위주로 하는 것이 좋습니다. 단, 지나친 스트레칭은 자제하도록 합니다. 가벼운 스트레칭 동작은 혈액 순환과 피로회복을 도와주지만 인대가 많이 약해져 있을 때 지나치게 몸을 펴는 운동은 관절 부위에 손상을 줄 수 있기 때문입니다.

Q 제왕절개를 했는데 언제부터 운동을 할 수 있나요?

A 자연분만의 경우 1~2일, 제왕절개의 경우 3~4일 정도가 지나면 병원 복도를 가볍게 걷는 운동부터 시작하세요. 특히 제왕절개를 한 경우 가벼운 운동은 몸의 회복을 도와줍니다. 산후체조는 몸에 무리가 가지 않는 범위 내에서 출산 후 며칠 이내에 가볍게 시작하세요.

Q 모유 수유를 하면서 어깨 통증이 심해졌는데, 좋은 요가 동작 없을까요?

A 우선 턱을 끌어당기고 목과 어깨의 불필요한 긴장을 풀어 자세를 교정해줍니다. 또한 목, 어깨, 등줄기를 따라 마사지를 하세요. 해당 부위의 근육이 이완돼 통증이 완화될 것입니다. 아기와 함께 하는 간단한 스트레칭은 전신에 뭉쳐 있던 근육을 부드럽게 풀어주므로 매일 꾸준히 하면 좋습니다. 그리고 등을 구부린 자세나 옆으로 누운 자세로는 수유하지 마세요. 이런 자세로 수유를 하면 몸이 쉽게 피로하고 근육이 잘 뭉쳐 통증이 심해질 수 있습니다.

등과 허리를 곧게 펴줘요

아기를 낳고 엄마는 이전에는 하지 않았던 일을 계속 반복한다.
하루에도 여러 번 모유 수유를 하고, 기저귀를 갈고,
아기 업는 일을 하다보면 엄마의 척추는 스트레스를 받게 된다.
가볍게 등을 구부리고 펴주는 동작들을 반복해주면서
자세를 바르게 취하는 습관을 들이도록 한다.

샌드위치 자세

Baby
아기를 엄마 앞에 똑바로 앉힌다.

Mom
허리와 다리를 쭉 펴고 앉아 아기 배에 발바닥을 붙이고
양손으로 아기의 두 손을 각각 잡는다.

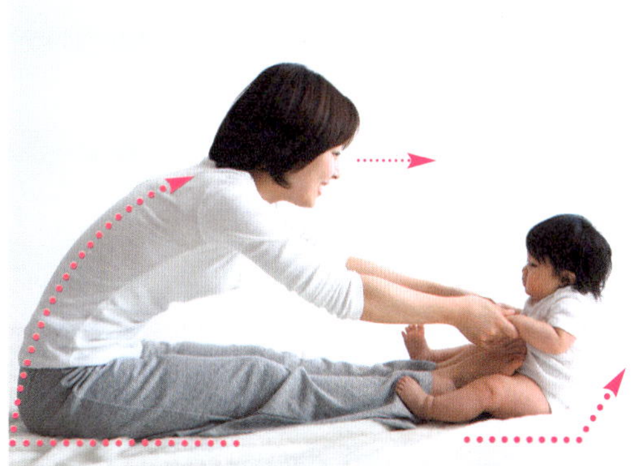

Mom & Baby
엄마와 아기가 서로 마주 본 상태에서 맞잡은 손을
반복해서 밀고 당긴다.

고양이 등 자세

Mom

양 손바닥과 무릎을 바닥에 대고 엎드린다.
이때 허리는 바닥과 수평이 되게 한다.

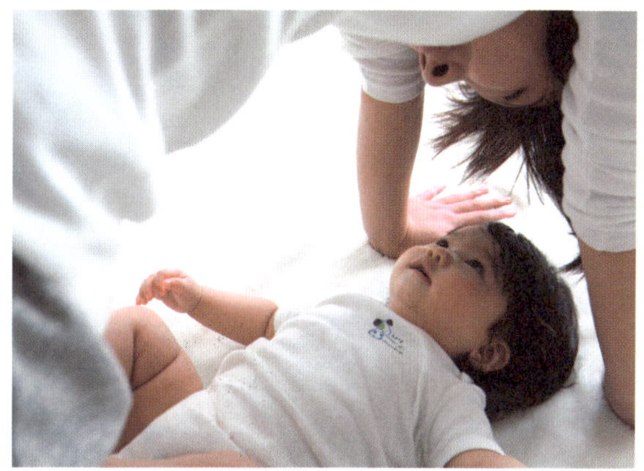

Baby

엄마의 배 아래쪽 바닥에
얼굴을 마주 볼 수 있게 아기를 눕힌다.

Mom & Baby

엄마의 등을 동그랗게 위로 말면서
아기를 내려다본다.

늘어진 뱃살이 탱탱해져요

복부 근육은 임신과 출산을 겪으면서 늘어나고 약해진 상태다.
출산 후 어느 정도 몸이 회복되면 배에 힘주어
당기기처럼 비교적 쉬운 동작부터 시작해보자.
특히 아기의 몸무게로 엄마의 복부를 눌러주는 동작들은 출산 후
나온 배를 들어가게 하는 데 효과적이다.

보트 만들기 자세

Mom

엉덩이를 바닥에 대고 앉아 무릎을 직각으로 세우고
양손은 엉덩이 옆 바닥을 짚어준다.

Baby

엄마 허벅지 위에 엄마와 마주 볼 수 있도록
아기를 똑바로 눕힌다.

Mom & Baby

엄마는 배에 힘을 주면서 다리를 쭉 뻗어
발끝을 얼굴 높이까지 들어올린다.
이 상태로 최대한 버틴다.

Mom

바닥에 똑바로 누워 무릎을 직각으로 세운다.

Baby

엄마의 허벅지에 아기의 등이 닿도록 비스듬히 앉힌 다음
다리를 엄마의 얼굴 쪽으로 뻗도록 한다.

Mom & Baby

아기가 중심을 잡을 수 있도록 조심하면서
엄마는 엉덩이를 위로 높이 들어준다.

틀어진 골반이
제자리로 돌아가요

출산 이후 얼마간은 회음부가
아프기 때문에 엄마들은
몸을 움직이는 데 어려움이 있다.
그러나 적당한 운동은 회음부의 상처가
빨리 아물 수 있게 도와준다.
특히 골반 수축 운동과 골반의
좌우 균형을 잡아주는 동작을
지속적으로 반복해주어
산후 골반 주변 근육이 약해져 생기는
여러 가지 문제를 사전에 예방하도록 한다.

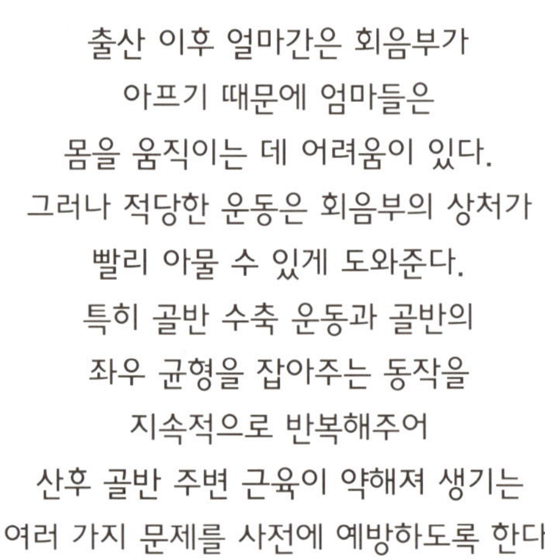

Mom

다리를 꼬는 것처럼 한 쪽 무릎을 다른 쪽 무릎 위에
포갠 상태로 엉덩이를 바닥에 대고 앉는다.
이때 양발은 서로 반대편을 향하게 한다.

Baby

엄마의 무릎 위에 아기 엉덩이가 닿도록
앉혀 균형을 잡는다.

Mom & Baby

엄마는 양손으로 아기의 겨드랑이를 붙잡고
아기와 함께 절을 하듯이 상체를 천천히 숙였다가
천천히 제자리로 돌아온다.

Mom
바닥에 앉아 양 다리를 최대한 벌린다.

Baby
엄마와 같은 포즈로 아기 엉덩이를 엄마의 가랑이에 밀착시켜 앉힌다.

Mom & Baby
엄마와 아기가 한몸이 되어 상체를 앞으로 숙인다.

날씬하고 탄탄한 몸매를 만들어줘요

임신과 출산으로 인해 불어난 체중과 망가진 몸매는
초보 엄마들을 우울하게 만든다.
그렇다고 단기간에 살을 빼기 위해 너무 과도한 운동을 하다보면
약해져 있는 관절과 근육에 문제가 생길 수도 있다.
몸에 무리가 가지 않으면서 몸매를 가꿀 수 있는 동작을 익혀
매일매일 꾸준히 하는 것이 건강과
아름다움을 동시에 얻을 수 있는 비결이다.

강아지 기지개 자세

양 손바닥을 바닥에 대고 엉덩이가
하늘로 올라가도록 무릎을 쭉 펴고 선다.

엄마의 배 아래쪽 바닥에 마주 볼 수
있도록 아기를 똑바로 눕힌다.

엄마의 무릎을 쭉 펴고 등과 어깨를 최대한 펴서
엄마의 머리로 아기의 몸을 간질인다.

Mom

두 다리를 넓게 벌리고 서서 양팔을 옆으로 뻗어
큰 대(大)자로 선다. 이 상태 그대로 허리를 옆으로 구부려
한 쪽 손바닥이 바닥에 닿도록 한다.

Baby

엄마 몸이 기운 쪽의 다리 앞에 아기를 눕힌다.

Mom & Baby

엄마의 손으로 아기의 얼굴을 만져준다.

편안한 휴식을 위해

아기와 함께 하는 새로운 생활이 즐겁기도 하지만 한편으로는
엄마를 신체적 · 정신적으로
매우 긴장하게 만든다.
이러한 긴장이 계속되다보면 건강에 빨간불이 들어올 수도 있다.
여러 가지 스트레스로 인한 불안감을 떨쳐버리기 위해서는 무엇보다도
엄마 스스로 릴렉스하는 것이 필요하다.
편한 옷을 입고 조용한 곳에서 온몸의 근육을 수축시켰다가
이완하는 방법으로 숨을 크게 들이마시고
편안하게 내쉬기를 계속 반복해보자.
아기를 떠올리며 행복한 상상을 하면서 이 동작을 반복하는 것만으로도
몸과 마음은 충분히 편안해진다.

Mom
바닥에 엉덩이와 등을 대고 누워
온몸의 힘을 천천히 뺀다.

Baby
엄마 배 위에 아기의 뒤통수와
등이 닿도록 똑바로 눕힌다.

Mom & Baby
아기의 심장 소리와 숨 소리를 집중해서 들으면서
호흡의 길이가 비슷해지도록 맞춘다.

베이비 테라피

아기는 저항력이 약하고 작은 자극에도 민감해 함부로 약을 쓸 수 없다. 그래서 천연재료를 사용하면서 엄마의 손으로 건강을 지켜줄 수 있는 베이비 테라피가 인기를 얻고 있다. 베이비 테라피는 크게 향기요법과 반사요법으로 나뉘는데, 부작용이 거의 없고 효과가 뛰어난 것이 장점. 자, 이제부터 현명한 엄마들이 꼭 알아두어야 할 베이비 테라피의 효능과 활용법을 배워보자.

몸과 마음을 치유해주는 향기요법

전 세계적으로 웰빙 바람이 불면서 일명 '아로마 테라피'라고 불리는 향기요법에 대한 관심도 높아졌다. 식물에서 추출한 에센셜 오일을 이용해 몸과 마음을 치유한다는 향기요법. 천연재료를 사용하기 때문에 아기나 산모들도 안심하고 사용할 수 있다는 것이 가장 큰 장점이다.

질병 예방과 치료효과가 있어요

'아로마 테라피'로 더 잘 알려져 있는 향기요법은 식물 특유의 향기를 이용해 몸과 마음을 건강하게 가꿔주는 자연치유법이다. 고대로부터 전해 내려오는 민간요법으로, 이집트는 물론 인도와 중국에서도 여러 가지 목적으로 널리 사용되었다.
향기요법의 매력은 몸과 마음을 모두 다스린다는 점이다. 좋은 향기를 맡으면 기분이 상쾌해지고 머리가 맑아지듯이, 향기로 자극을 주면 사람에게 타고난 '자연치유력'이 활성화되어 질병을 예방하고 개선하는 효과를 얻을 수 있다. 식물 고유의 휘발성 향기물질은 일반적으로 아로마 오일(향유)이라고 부르는데, 식물의 생명 유지에 필수적인 물질이라고 해서 에센셜 오일(정유)이라고도 한다.

마사지와 목욕 시 사용하면 더 좋아요

아로마 오일에 대한 최초 기록은 고대 인도, 페르시아, 이집트 문헌에서 찾아볼 수 있다. 기원전 3950년경 이집트에서는 이미 올리브 열매에서 기름을 짜내 아로마 오일로 사용했다. 또 고대 인도에서는 백단향, 몰약, 계피, 생강 등을 질병 치료와 종교의식에 사용했으며 특히 신약성경에도 등장하는 몰약은 아기 예수가 탄생할 때 동방박사가 질병 예방을 위해 전해준 세 가지 선물 중 하나로 유명하다.
이후 이집트에서 그리스로 전파된 향기요법은 기원전 4세기경 히포크라테스(BC 460~370)에 의해 좀 더 체계적인 질병치료법으로 이용되기 시작했다. 그는 개개인마다 질병에 대한 반응이 각기 다르게 나타난다는 사실을 알아내고, 환자마다 치료방법을 달리하면서 향기요법을 적절히 사용했다. 특히 건강한 아름다움을 강조한 그는 식이요법, 마사지, 목욕 등에 향기요법을 적극 활용했다.

ℰ 민감한 아기 피부는 베이스 오일로~

아기 피부는 미약한 자극에도 민감하게 반응하므로 아기에게 향기요법을 적용할 때는 전문가의 도움을 받아야 한다. 특히 향기가 강한 아로마 오일을 사용할 때는 세심한 주의가 필요하다. 아로마 오일 원액은 먼저 사용법을 익힌 뒤 반드시 희석해서 사용해야 한다.

반면 피부 보호를 위한 기초 오일인 베이스 오일은 아기의 피부 타입에 맞추기만 하면 되고 독성이 없어 안심하고 편하게 쓸 수 있다. 또한 영양이 풍부하고 흡수가 빨라 피부가 건조한 아기에게 마사지 오일로 사용하면 효과적이다.

피부에 영양을 배달해준다는 의미에서 일명 '캐리어 오일'로도 불리는 베이스 오일은 종류가 매우 다양하고 점도, 색깔, 효능도 각기 다르므로 사용 목적과 대상에 따라 선별해서 사용하는 것이 중요하다.

아기에게 좋은 베이스 오일

◎ 스위트 아몬드 오일(Sweet Almond Oil)

스위트 아몬드의 씨에서 추출한 오일로 연한 노란색을 띤다. 비타민A, 비타민B2, 비타민E가 많이 함유되어 있다. 대부분의 피부에 사용할 수 있으며 특히 가려움증과 건성 피부에 좋다. 피부의 수분 증발을 막아 촉촉하고 부드럽게 만들어주므로 베이비 마사지 오일로 제격이다.

◎ 살구씨 오일(Apricot Kernel Oil)

살구 열매의 가장 안쪽에서 추출한다. 토코페롤이 함유돼 노화된 피부와 민감성 피부에 적합하다. 끈적임이 적어 사용감이 산뜻하기 때문에 미네랄 오일을 대신할 수 있는 식물성 오일이다.

◎ 아보카도 오일(Avocado Oil)

'밀림의 버터' 라는 별명을 가지고 있으며 미용에 사용되는 대표적인 오일이다. 비타민A, 비타민E, 리놀렌산 등 피부를 부드럽게 만들어주는 성분이 많이 들어 있어 고급 화장품의 원료로 쓰인다. 또한 아보카도 오일은 민감한 피부와 비늘처럼 각질이 잘 일어나는 건성 피부를 진정시켜주는 효과가 탁월하다.

◎ 달맞이유(Evening Primrose Oil)

밤이 되면 활짝 피는 달맞이꽃은 '월견초(月見草)' 라고 불리기도 한다. 과거 미 대륙에서 살던 인디언들은 달맞이꽃에서 오일을 추출하여 만능 치료제로 이용했다. 이렇게 만들어진 달맞이유는 나중에 이탈리아로 건너가 '왕과 같은 만능의 힘을 지닌 오일' 로 통할 정도로 진귀하게 취급되었다. 달맞이유에 포함된 불포화지방산 중 감마리놀렌산은 알레르기를 예방, 치료하는 효과가 있어 아토피성 피부염을 완화하고 혈중 콜레스테롤 수치를 낮춰준다.

◎ 호호바 오일(Jojoba Oil)

항균작용이 뛰어나 여드름 피부나 염증이 있는 피부에 알맞고, 지성 피부도 개선해준다. 또한 피부와의 친화력이 우수하고 끈적이지 않아 마사지용으로 널리 사용되고 있다.

◎ 올리브 오일(Olive Oil)

올리브 오일은 '감람유' 라는 올리브나무의 열매에서 뽑아낸 식물성 기름이다. 자외선을 20% 정도 차단해주는 효과가 있어 여름철 선탠 오일로 이용되고 있다.

엄마에게 좋은 향기요법

입덧이 심한 엄마에게 좋아요

1 티슈나 헝겊에 페퍼민트 오일 2~3방울과 라벤더 오일 2~3방울을 떨어뜨린다.

2 ①을 여러 번 코로 들이마신다.

임신 중 살이 트지 않게 도와줘요

1 살이 트기 쉬운 복부에 포도씨 오일 20방울과 라벤더 오일 10방울을 떨어뜨린다.

2 손가락으로 가볍게 돌리면서 문질러준다.

3 ①~②와 같은 방법으로 하루 2~3회 마사지한다.

산후우울증을 없애줘요

1 아로마 램프나 스프레이에 레몬 오일 10방울과 자스민 오일 5방울, 로즈 오일 5방울을 넣고 잘 섞는다.

2 ①을 실내에 골고루 뿌린다.

Book in Book

아기의 두뇌와 신체 발달에 좋은 발 반사요법

발은 우리 몸의 축소판이라 불릴 만큼 인체의 모든 기관과 장기들에 해당하는 반사구들이 모여 있다. 이러한 반사구들을 꾸준히 만져주면 혈액 공급이 원활해지고 면역력과 자연치유력이 향상돼 건강해질 뿐 아니라 아기의 두뇌와 신체 발달도 도와준다.

◎ 경제적이고 부작용이 없어요

발이 신체의 주요 기관과 연결되어 있다는 사실이 알려지면서 인체의 가장 끝 부분인 발을 꾹꾹 눌러 자극하는 반사요법(리플렉솔로지)이 인기를 끌고 있다.

우리 고유의 지압과 유사한 반사요법은 엄마의 손만으로 모든 동작이 가능하므로 경제적이고 부작용이 없다. 또 동작도 매우 간단해서 누구나 손쉽게 따라할 수 있다.

◎ 혈액 순환이 잘되고 면역력이 강해져요

폐, 대장, 방광과 같은 내장과 연결돼 있는 발의 반사구역을 누르면 해당 기관의 기능이 좋아지고, 혈액 순환이 원활해지며 면역력이 강해진다.

◎ 집중력과 창의력을 높여줘요

인간의 머리에 해당하는 반사구역을 꾸준히 마사지해주면 집중력과 창의력은 물론 두뇌 발달에도 도움이 된다. 또 엄마가 아기 피부를 직접 만지기 때문에 정서적인 안정을 가져다준다. 이러한 반사요법의 효과는 엄마에게도 똑같이 나타난다. 따라서 반사요법은 베이비 마사지나 베이비 요가처럼 엄마와 아기 모두를 건강하고 행복하게 만들어주는 최고의 육아 프로그램이라 할 수 있다.

발의 신체 상응부위

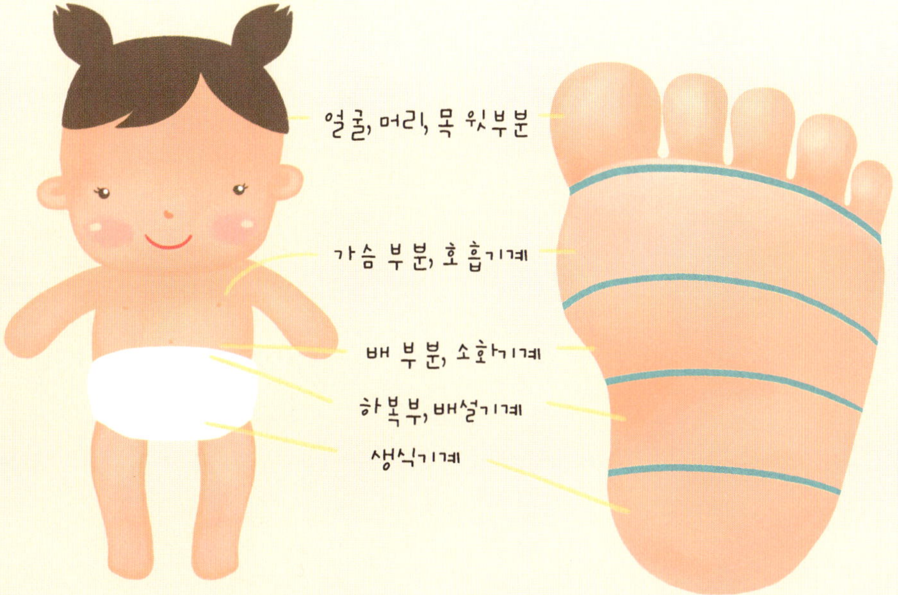

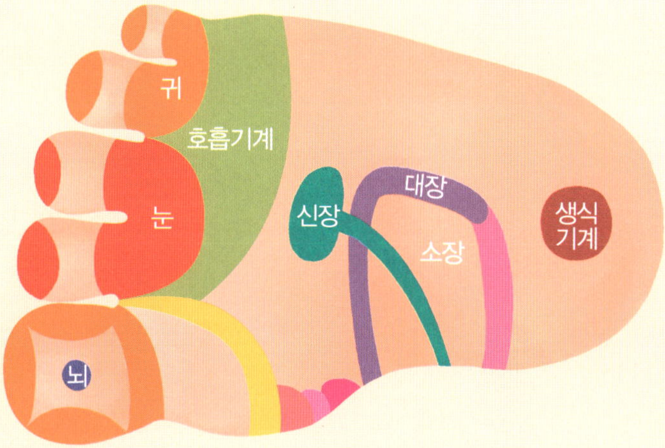

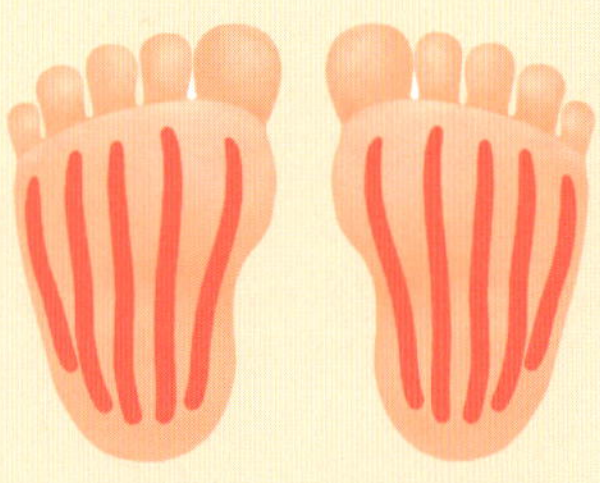

얼굴, 머리, 목 윗부분
가슴 부분, 호흡기계
배 부분, 소화기계
하복부, 배설기계
생식기계
귀
호흡기계
눈
신장
대장
소장
생식기계
뇌
Book in Book

반사구역

엄마의 엄지손가락으로 아기 발바닥의 뒷꿈치부터 발가락 쪽으로 미끄러지듯이 쓸면서 문질러준다. 온몸을 마사지해주는 효과가 있다.

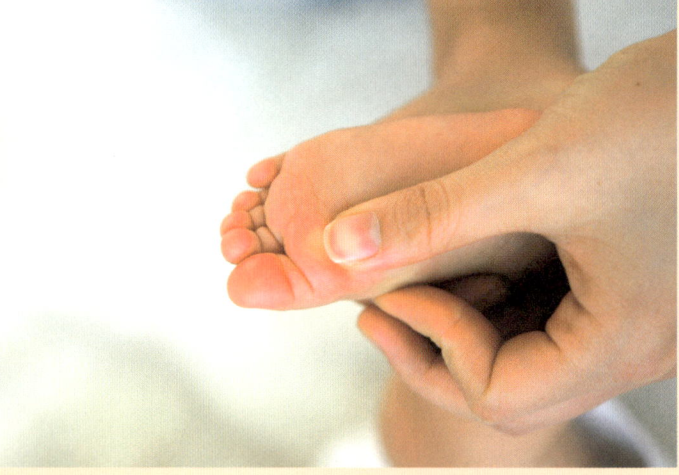

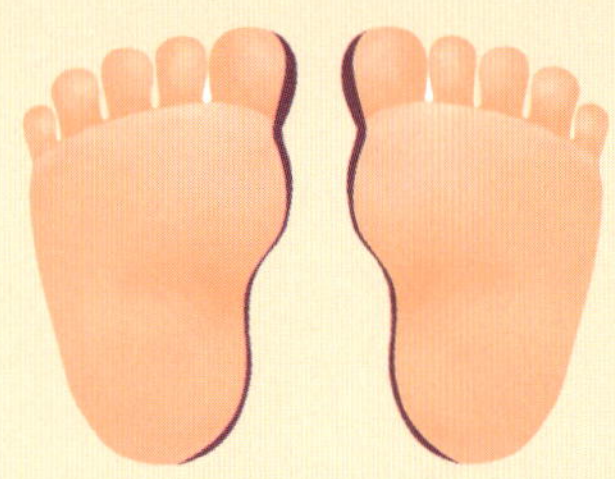

척추

엄마의 엄지손가락으로 아기의 첫째 발가락 측면의 굴곡을 따라서 자연스럽게 쓰다듬어준다. 이곳은 척추에 해당하는 반사구로서 척추의 긴장을 풀어주고 편안하게 해주는 효과가 있다.

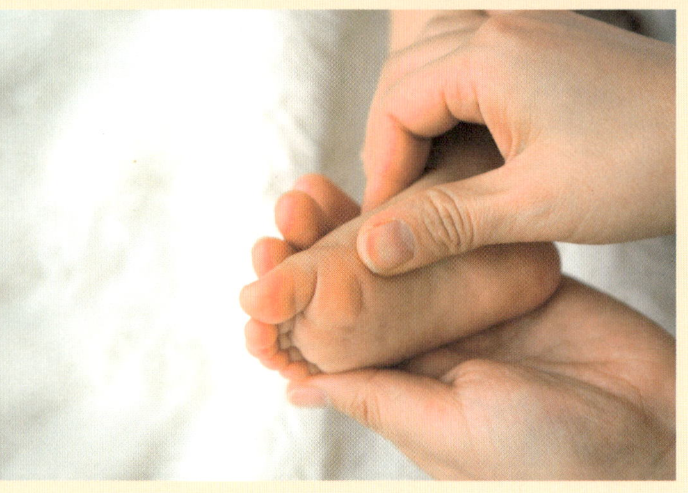

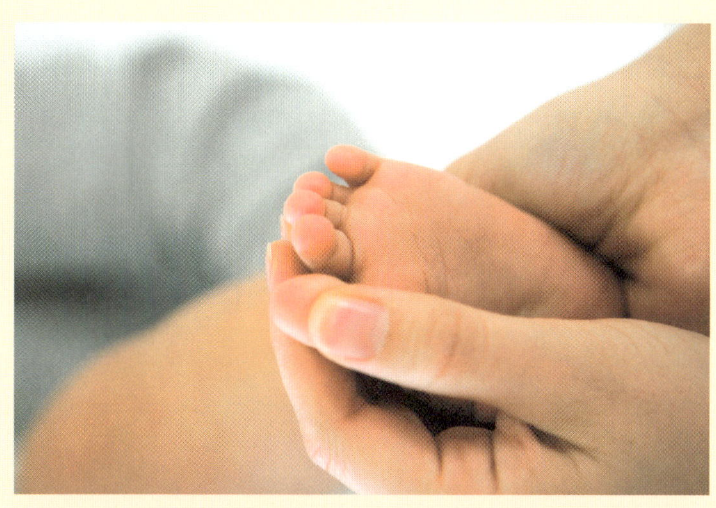

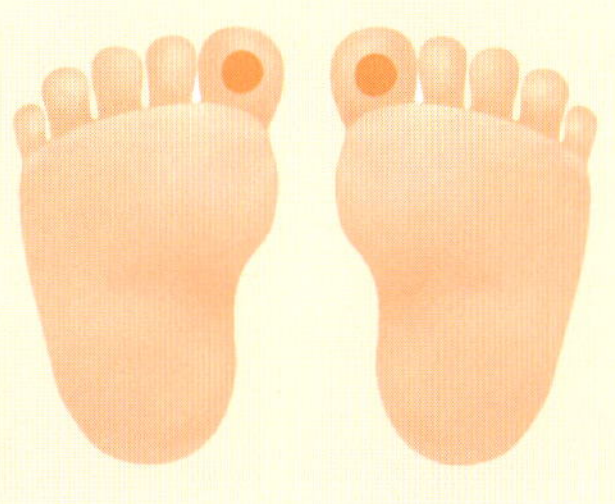

두뇌

첫째 발가락에는 두뇌와 관련된 반사구가 있다. 이곳을 누르고 비벼주면 아기의 두뇌 발달을 도와 IQ가 높아지고 집중력도 길러줄 수 있다.

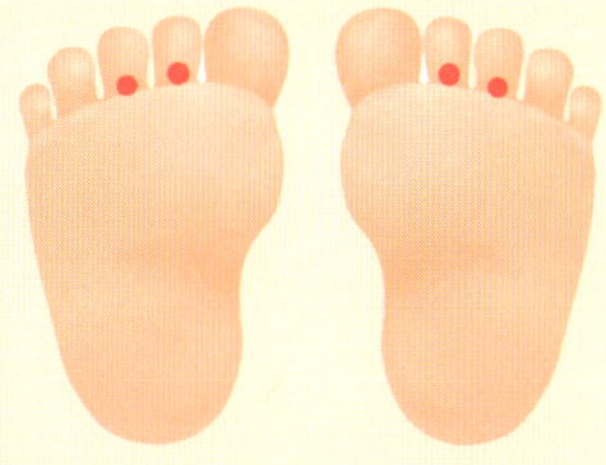

시력

둘째 · 셋째 발가락과 발바닥의 경계 부분에는 눈에 해당하는 반사구가 있어 이곳을 누르고 비벼주면 시력 발달을 도와준다.

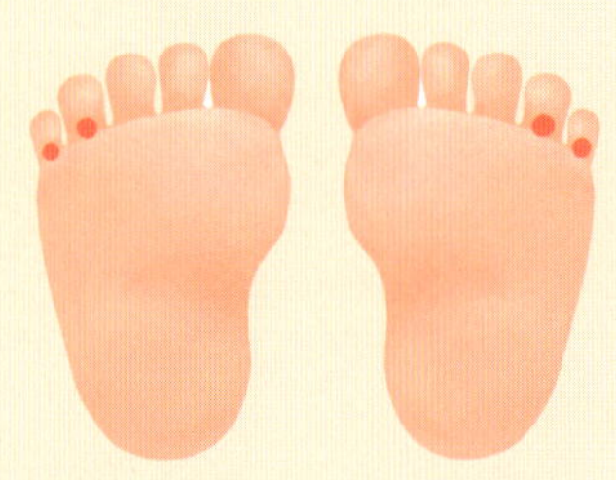

청력

넷째 · 다섯째 발가락과 발바닥의 경계 부분
에는 귀에 해당하는 반사구가 있어 이곳을
누르고 비벼주면 청력 발달에 도움이 된다.

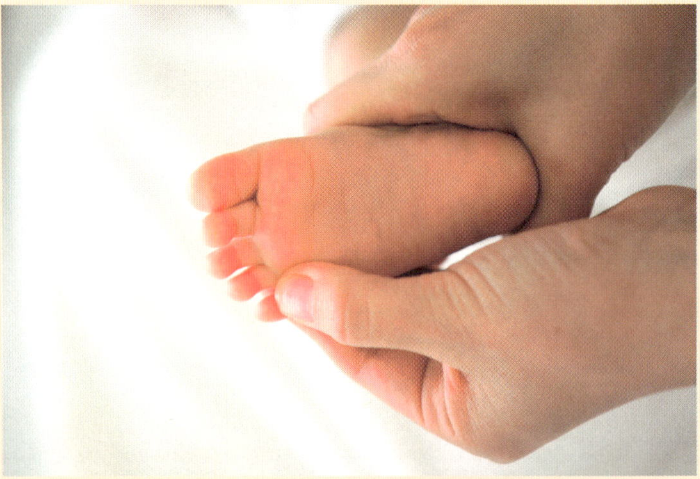

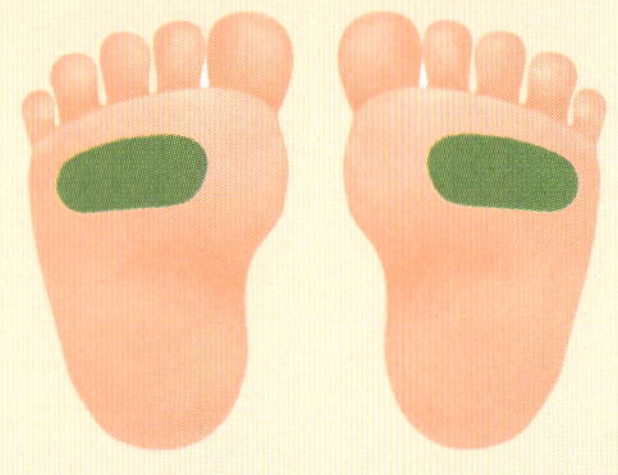

호흡기관

발바닥의 상부에는 폐와 가슴 반사구가 있
다. 감기로 자주 고생하거나 기관지 또는 폐
기능이 안 좋은 아기의 경우 이 부분을 자주
눌러주면 효과적이다.

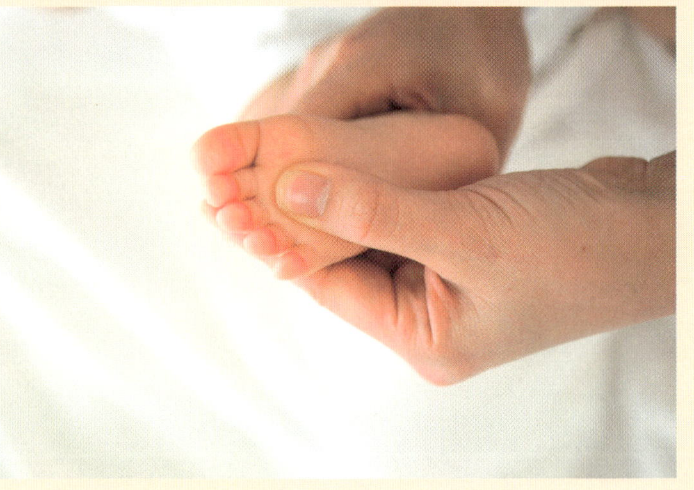

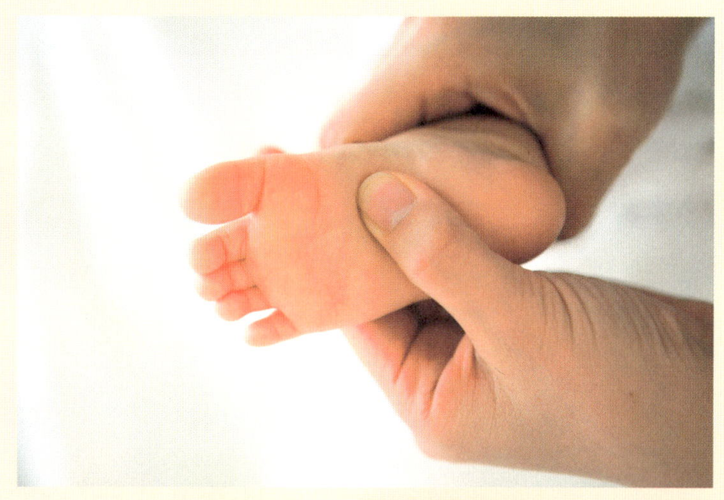

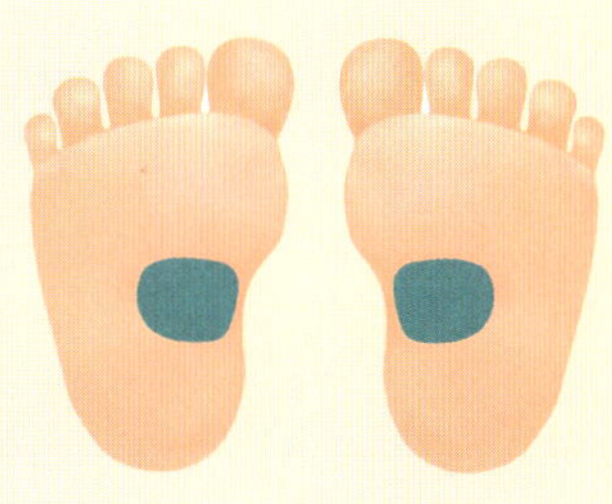

소 장

발바닥에 움푹 들어간 '족궁' 이라고 하는 부
위는 소화기 계통의 장기들과 연결되어 있
어 소화불량이나 가스가 찰 때 해당 부위를
문질러주면 좋다.

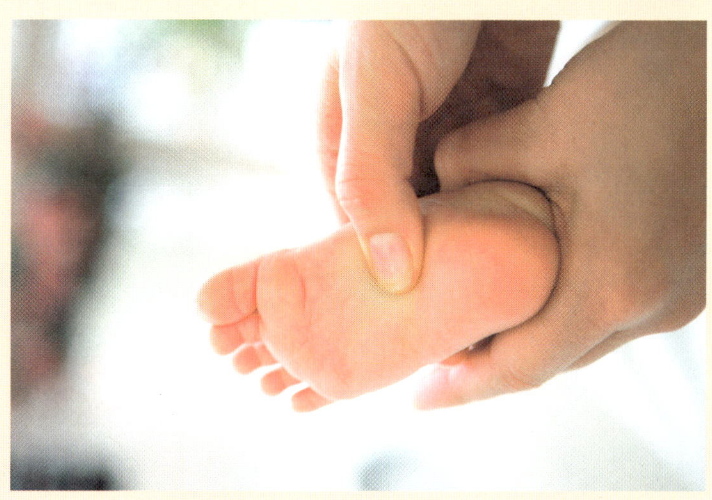

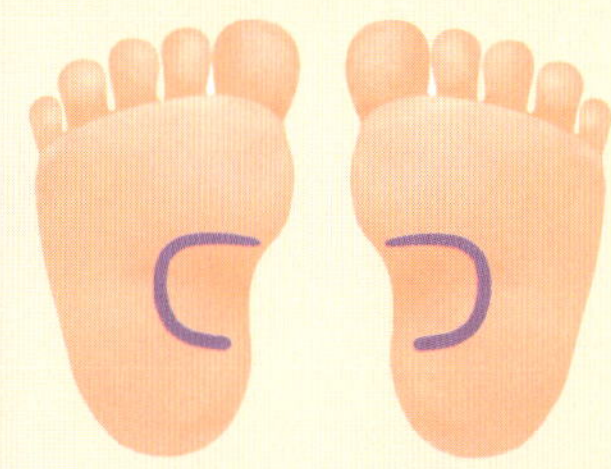

대 장

발바닥에 움푹 들어간 '족궁' 부위의 둘레를
대장 모양대로 쓸어돌리며 문질러주면 대장
운동을 도와 배변활동이 원활해지고 변비를
예방할 수 있다.

시기별 산후조리법

출산 후 첫째 주	**절대 안정, 좌욕으로 회음부의 빠른 회복 유도** 자연분만이든 수술이든 분만 당일과 산후 3일 정도는 절대 안정이 필수. 이 시기에는 아기에게 젖을 먹이거나 화장실에 가는 정도 외에는 가능한 한 누워서 지내는 것이 좋다. 좌욕은 출산 후 바로 시작해서 한 달간 지속한다. 좌욕은 혈액 순환을 도와 회음부 치유, 변비나 치질 개선에도 도움이 되므로 꼭 하도록 한다. 이때 물은 팔팔 끓여 100% 멸균된 상태에서 사용하도록 한다. 그 다음부터 서서히 몸을 움직이는데, 실내를 가볍게 걷거나 목을 좌우로 움직이는 목운동 정도가 적당하다. 출산하고 3일이 지난 뒤부터는 초유가 돌기 시작하므로 유방 마사지를 꾸준히 해주는 것이 좋다.
출산 후 둘째 주	**출산 후 영양 섭취, 정신적 안정 중요** 몸이 서서히 가벼워지는 시기. 이 시기에는 본격적으로 영양 섭취와 체온 관리에 신경 써야 한다. 가능한 한 몸을 가볍게 움직이고, 마음을 안정시키는 음악을 듣거나 책을 읽으면서 정신적 안정을 꾀하는 것이 좋다.
출산 후 셋째 주	**몸을 움직이자** 그동안 누군가의 도움을 받아 집안 일이나 육아를 해왔다면 이제는 서서히 몸을 움직여 아기 기저귀를 갈고, 옷을 입히고, 간단히 청소하는 정도는 직접 할 수 있는 시기다.
출산 후 넷째 주	**가벼운 외출 가능** 일상생활이 서서히 가능해지는 시기. 산후 검진을 위해 병원에 가는 등 가벼운 외출을 할 수 있는 시기다. 단, 아직 몸의 기능이 완전히 회복된 상태가 아니므로 지나치게 힘든 일은 하지 않는 것이 좋다.

출산 후 더 건강해지는 산후관리 노하우

■도움말 : 참사랑 어머니회(www.charmlove.co.kr)

☺ 철분제를 꼭 챙겨 먹는다

출산 후 산모에게 가장 필요한 영양소 중 하나는 철분이다. 철분을 보충하려면 출산 후 3, 4개월까지 철분제를 복용하는 것이 좋다.

☺ 국물이 많은 음식으로 수분을 보충한다

출산 후에는 수분이 부족하기 쉬우므로 국물이 많은 음식을 충분히 먹어야 한다.

☺ 단백질과 무기질을 많이 섭취한다

아기를 낳고 나서는 출산으로 지친 몸이 빨리 회복되도록 돕고 유즙 분비를 촉진하는 단백질과 무기질이 풍부한 음식을 많이 섭취해야 한다. 산모들이 산후조리를 할 때 많이 먹는 미역국이 대표적이다.

☺ 차갑고 짜고 단단한 음식은 피한다

찬 음식은 몸의 기운을 차갑게 하여 소화력을 떨어뜨리고, 혈액 순환을 저해한다. 또 단단한 음식은 약해진 치아를 자극하므로 삼가는 것이 좋다. 그 밖에 자극성이 강한 고추나 후추, 커피 등도 위에 부담을 주므로 삼가야 한다.

☺ 섬유질이 많은 음식을 먹는다

산후에는 배변에 문제가 생길 수 있으므로 우엉, 연근, 셀러리처럼 섬유질이 풍부한 야채와 해조류를 매일 섭취하는 것이 좋다. 섬유질이 풍부한 음식은 변비를 예방해준다.

☺ 출산 후 바로 세수나 샤워를 하지 않는다

세수는 출산하고 3, 4일이 지난 후부터, 간단한 샤워는 1주일 후부터 따뜻한 물로 해야 한다. 제왕절개수술을 한 경우에는 수술 부위의 실밥을 제거한 후 샤워한다. 입욕은 출산 후 4주 정도가 지나야 가능하지만 산모에 따라 개인차가 있으므로 담당의와 상의해서 결정하는 것이 좋다. 양치질 역시 미지근한 물로 해야 한다. 머리는 출산하고 3주 후에 감는 것이 바람직하다. 또 파마는 아기를 낳고 3달 뒤에 해야 모근에 부담을 주지 않는다.

☺ 방 바닥에서 자는 것이 좋다

산모는 관절이 약해진 상태라 푹신한 침대에 누워 자면 자칫 관절에 이상이 생겨 척추 변형이나 디스크 질환에 걸릴 수 있다. 때문에 잠은 침대보다 방 바닥에서 자는 것이 좋다. 잠잘 때 무릎을 세우면 자궁 수축을 도와준다. 또 산후에 상체를 약간 세운 자세로 누우면 어지럼증과 통증을 줄일 수 있다. 무릎을 세운 자세는 오로 배출과 자궁 수축을 도와줄 뿐 아니라, 출산 후 골반이 벌어지는 것도 예방해준다.

☺ 산후우울증을 극복할 수 있도록 가족들이 적극 배려한다

아기를 낳으면 몸의 변화, 육아에 대한 부담, 생활패턴의 변화 등으로 인해 우울증과 허탈감에 빠지게 된다. 산후우울증을 가벼운 증상으로 생각하기 쉽지만 이를 제대로 극복하지 못하면 육아나 생활 전반에 부정적인 영향을 줄 뿐 아니라 심각한 만성우울증으로 발전할 수도 있다. 따라서 남편을 비롯한 가족 모두가 산모가 우울증에 빠지지 않도록 적극적으로 배려하고 도와야 한다.

사과나무 스튜디오   마이마이   스트리마

포토그래퍼 이혜영

사과나무 스튜디오 www.iappletree.com

사랑스러운 아기들의 꿈과 해맑은 미소를 사진에 담아 사진 그 이상의 감동을 전하는 아기 사진 전문 스튜디오.
문의 02-2051-3822

마이마이 www.meimei.co.kr

깨끗한 자연 환경을 자랑하는 호주에서 수입한 베이비 스킨케어 제품을 전문적으로 판매하는 브랜드. 모든 제품은 천연 원료로 만들어 연약하고 민감한 피부를 가진 아기들도 안심하고 사용할 수 있다. 문의 02-2668-5090

STRIMA 스트리마 www.strima.co.kr

임산부들의 가장 큰 고민 중 하나인 튼살을 예방하고 관리해주는 화장품 전문 브랜드. 출산 전 튼살 예방 제품과 출산 후 튼살 회복 제품 두 가지 라인으로 구성되어 있다. 문의 02-2634-0738

baby&mom 월간 베이비앤맘 www.babynmom.com

젊은 엄마들의 똑똑하고 건강한 육아를 위해 다양하고 실용적인 정보를 제공하는 월간 육아 잡지. 문의 02-2632-6077

참사랑 어머니회　　　　　　　　　　　　　　엔젤라이프　　　변정수 DVD

참사랑 어머니회 www.charmlove.co.kr

오랜 경험과 전문 지식을 가진 산후도우미들이 친정 엄마처럼 사랑과 정성으로 산모와 아기를 돌봐주는 출장 산후조리 전문기업.
문의 02-3473-0683~4

엔젤라이프 www.angelife.co.kr

아기 침대 전문 수입업체로 출산 후 엄마 몸에 무리가 가지 않으면서 엄마가 아기의 얼굴을 좀 더 가까이 바라보며 케어할 수 있도록 디자인된 제품을 다양하게 구비하고 있다. 문의 02- 867-6449

애플로그.net www.applelog.net

애플로그.net 은 임신 · 출산 · 육아 전반에 걸쳐 다양한 오프라인 행사를 기획, 진행하는 문화사업 포털사이트. 소비자들에게는 실질적인 혜택과 정보를, 관련 업체에는 고객과 만날 수 있는 의사소통의 장을 제공하며 건강한 육아문화를 선도하고 있다.
문의 02-972-2407

엄마 변정수의 쭉쭉빵빵 베이비 마사지 DVD www.babymassage.co.kr

패셔니스트 변정수가 전문가들의 자문을 바탕으로 직접 배우고 연습해 둘째 정원이와 함께 찍은 베이비 마사지 DVD. 그녀의 임신과 출산, 육아 관련 노하우도 담겨 있다. 문의 02-512-0084

한눈에 찾아보는
베이비 마사지 & 요가

베이비
마사지

다리와 발 마사지

쭉쭉이 다리
젖병 쥐어짜기
발바닥 걸음마
발가락 가족
발가락 댄스
거미줄 타기
발목 털기

배와 가슴 마사지

풍차 돌리기
시계 그리기
손가락 걸음마
I LOVE YOU
하트 그리기
나비야 나비야

손과 팔 마사지

쭉쭉이 팔
젖병 쥐어짜기
손가락 펴주기
손가락 밀어올리기
팔찌 그리기
팔 들어 털기

얼굴 마사지

이마 쓸어넘기기
콧대 세우기
눈썹 그리기
스마일라인 그리기
볼터치

등과 엉덩이 마사지

쓸어내리기
달팽이집 그리기
엉덩이 주사 맞기
엉덩이 밀어올리기